技術評論社

はじめての
ネットショップ
開店・運営講座

著者 小宮山真吾
リンクアップ

◎免責

本書に記載された内容は、情報の提供のみを目的としています。したがって、本書を用いた運用は、必ずお客様自身の責任と判断によって行ってください。これらの情報の運用の結果、いかなる障害が発生しても、技術評論社および著者は責任を負いません。

本書記載の情報は2015年2月現在のものを掲載しております。Webサイトの画面やサービスなど、ご利用時には、変更されている可能性があります。あらかじめご了承ください。

以上の注意事項をご承諾いただいた上で、本書をご利用願います。これらの注意事項に関わる理由に基づく、返金、返本を含む、あらゆる対処を、技術評論社および著者は行いません。あらかじめご了承ください。

本文中に記載されている会社名、製品名などは、すべて関係各社の商標または登録商標です。なお、本文中に™マーク、®マークは記載しておりません。

はじめに

　吉田松陰という人物をご存知でしょうか？　松陰は幕末に松下村塾を開き、伊藤博文や高杉晋作、桂小五郎など、数々の人物を育てあげました。その松陰が何より重んじていたのは「実践」だそうです。「知識」と「実践」が互いに結びついている考えを、吉田松陰は「知行合一」と呼びました。

　私はこの「知行合一」を知ったとき、その考え方に共感しました。なぜなら、私が本書を執筆するにあたり重視したポイントも、「実践形式にする」ということだったからです。

　本書は"売れる"ネットショップが「実践形式」で分かる！作れる！書籍です。顧客満足度日本1位のITコンサルタントが明かす"売れる"ショップ作りの秘訣を、レッスン形式で手を動かしながら学び、書き込んでいきます。ネットショップ開店の準備から契約、どんな手順で進めていけばよいかなど、気を付けなければいけない点や具体的な参考例を豊富に網羅しているので、初心者でも"売れる"ネットショップを開店・運営する手順がしっかり身に付きます。

　またネットショップの運営者にとっても、"売れる"ページ作り、"売れる"写真撮影・バナーなどの素材づくり、集客・リピート対策など、ネットショップに必要な要素が満載の本書を読めば、新たな発見があることでしょう。

　ものが溢れている世の中、商品の強みや特徴だけではお客様は購入しません。私は前職、英会話学校で平均50万円の英会話チケットを販売していました。この英会話チケットは紙切れでしかありません。しかし私は、お客様と将来の「ストーリー作り」を共有し、夢と未来を売っていました。お客様にものを売るのではなく、夢を売る。もう少し分かりやすく、「ストーリーを売る」といってもよいでしょう。

　本書にはその「ストーリーを売る」ためのノウハウがぎっしりと詰まっています。さあ、"売れる"ネットショップ開店・運営へと先へ進みましょう。

2015年3月
小宮山 真吾

本書の使い方

本書は、ネットショップの開店に必要な基本情報やお役立ちテクニックをワークショップ形式で紹介します。「これからネットショップを始めてみたい！」と思っているあなたにおすすめの1冊です。

Sectionのタイトル
各Sectionのテーマを表すタイトルです

ページの要点
ページの要点を簡潔にまとめています

章タイトル
そのページの章タイトルが書かれています

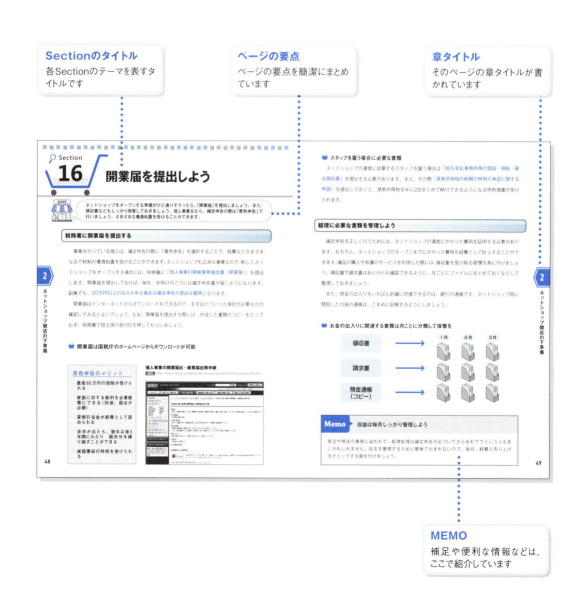

MEMO
補足や便利な情報などは、ここで紹介しています

ワークショップの使い方

本書では、ネットショップを作る上で特に重要となるテクニックを、ワークショップ形式で実際に手を動かしながら学びます。紙と鉛筆を用意し、本書や紙に書き込みながら読み進めてください。

3章

3章では、指定されたシートに商品の情報や顧客像について書き込み、商品ページの"ストーリー"を作ります

3章　6章

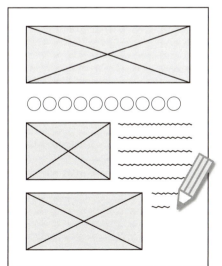

3章で作ったストーリーをもとに、3章では商品ページ、6章ではトップページのラフを描きます

著者の小宮山です。ネットショップ作りの秘訣を一緒に学んでいきましょう。では、第1章へどうぞ！

Contents

第1章 ネットショップ成功への道

Section 01 成長し続けるネットショップ業界……………………………………12
Section 02 実店舗とネットショップの2つの違い ……………………………14
Section 03 ネットショップを運営することの2大メリット …………………16
Section 04 ネットショップの立ち上げにかかる5大費用を見積もる ………18
Section 05 ネットショップオープンまでの道のり……………………………22
Section 06 どんなショップを作るか決めよう…………………………………24
Section 07 出店方法を考えよう…………………………………………………26
Section 08 ショップを作ろう……………………………………………………28
Section 09 商品の販売／発送を行う……………………………………………30

第2章 ネットショップ開店の下準備

Section 10 ネットショップの運営に必要なもの………………………………34
Section 11 決済方法を決めよう…………………………………………………38
Section 12 配送方法を決めよう…………………………………………………40
Section 13 ネットショップ用の銀行口座を開設しよう………………………42
Section 14 ネットショップの名前を決めよう…………………………………44
Section 15 ネットショップのドメインを決めよう……………………………46
Section 16 開業届を提出しよう…………………………………………………48
Section 17 ネットショップ下準備チェックシート……………………………50

第3章 顧客の要望を解決するストーリー作り

- Section 18　ストーリーから作るページは何が違う？……………………………… 54
- Section 19　ストーリー作りの上手なショップを見てみよう……………………… 58
- Section 20　実践① 顧客情報シートを記入しよう ………………………………… 60
- Section 21　実践② 商品情報シートを記入しよう ………………………………… 64
- Section 22　実践③ シナリオシートに記入しよう ………………………………… 70
- Section 23　実践④ シナリオまとめシートに記入しよう ………………………… 78
- Section 24　シナリオまとめシートをもとに、商品ページを作ろう…………… 84

第4章 キャッチコピーや文章を練り上げよう

- Section 25　ストーリーから商品のキャッチコピーを考えよう………………… 92
- Section 26　プロダクトサイクルに合わせてキャッチコピーを変えよう…… 94
- Section 27　そのキャッチコピー・紹介文は簡潔？具体的？…………………… 96
- Section 28　ストーリーをもとに、商品の紹介テキストを書いてみよう…… 98
- Section 29　商品ページチェック診断………………………………………………… 100

第5章 サービスを使ってネットショップに挑戦しよう

- Section 30　初めての人はヤフオク！に挑戦してみよう ……………………… 106
- Section 31　Yahoo! ショッピングに出店してみよう …………………………… 112
- Section 32　フリマアプリを利用しよう …………………………………………… 118

Contents

第6章 トップページでお店の第一印象を変えよう

Section 33　これからのネットショップに必要なデザイン………………………………120
Section 34　トップページの役割………………………………………………………………122
Section 35　トップページに必要なものを考えよう…………………………………………124
Section 36　トップページを4つのエリアにわけて考えよう………………………………128
Section 37　ファーストビューで顧客をショップに引き付けよう…………………………130
Section 38　お店の"看板"を演出しよう………………………………………………………133
Section 39　コンテンツエリアで顧客をお店の中に呼び込もう……………………………134
Section 40　ナビゲーションでショップの機能性を高めよう………………………………136
Section 41　トップページのラフを描こう……………………………………………………138
Section 42　ほかのショップから見えてくるトップページ作りのコツ……………………140

第7章 写真とバナーを作って、ショップに命を吹き込もう

Section 43　売れるショップは商品写真の撮影がうまい……………………………………144
Section 44　デジタルカメラの基本操作をマスターしよう…………………………………146
Section 45　背景と商品の置き方を工夫して商品を演出しよう……………………………150
Section 46　画像編集ソフトを使って撮影した写真を洗練させよう………………………152
Section 47　クリックされるバナー作り………………………………………………………156

第8章 自分でネットショップを作ろう

Section 48	ショップは自分で作るべき？外注すべき？	160
Section 49	ネットショップに必要なページを考えよう	162
Section 50	「Jimdo」を使って自分でショップサイトを作ってみよう	164
Section 51	「Jimdo」に登録しよう	166
Section 52	ラフをもとにトップページを作ってみよう	168
Section 53	商品ページを作ってみよう	172
Section 54	ナビゲーションと階層を整理しよう	176
Section 55	ネットショップの基本設定を入力しよう	178
Section 56	利用規約を設定しよう	180
Section 57	利用できる支払い方法を設定しよう	182
Section 58	配送料を設定しよう	186
Section 59	オープンの前に確認をしよう	187
Section 60	誰もが使いやすいページを目指そう	188
Section 61	よい制作会社の選び方とは	192
Section 62	お互いが気持ちよく仕事をするための価格交渉術	194
Section 63	作業分担とスケジュールを決めよう	196
Section 64	ネットショップ開設後の更新について	198

Contents

第9章 ネットショップ開設後の流れと集客

Section 65　商品の価格の決め方は？ ……………………………………………… 202

Section 66　顧客からの問い合わせは丁寧に対応しよう …………………………… 203

Section 67　商品が売れたら、次にすることは何？ ………………………………… 204

Section 68　顧客からお金が入金されたか確認しよう ……………………………… 205

Section 69　必要な書類を発行しよう ………………………………………………… 206

Section 70　4つのメールで顧客を安心させよう …………………………………… 208

Section 71　商品を確実に届ける梱包テクニック …………………………………… 210

Section 72　商品を顧客に発送しよう ………………………………………………… 212

Section 73　クレーム／返品／キャンセルの対応はどうすればよい？ …………… 213

Section 74　SNSはどう使えばよい？ ………………………………………………… 214

Section 75　SEOについて正しく理解しよう ………………………………………… 216

Section 76　SEO、これだけはやってはいけない事柄 ……………………………… 220

索引 ……………………………………………………………………… 221

第 1 章

ネットショップ成功への道

成長し続けるネットショップ業界 ……………………………	12
実店舗とネットショップの2つの違い ………………………	14
ネットショップを運営することの2大メリット ……………	16
ネットショップの立ち上げにかかる5大費用を見積もる …	18
ネットショップオープンまでの道のり ………………………	22
どんなショップを作るか決めよう ……………………………	24
出店方法を考えよう ……………………………………………	26
ショップを作ろう ………………………………………………	28
商品の販売／発送を行う ………………………………………	30

Section 01 成長し続ける ネットショップ業界

百貨店やスーパーマーケットなどの物販市場が縮小傾向にある中で、インターネット通販の市場は拡大を続けています。まずは、ネットショップの"今"について理解を深めましょう。また、インターネットでどんな商品が多く購入されているかも見てみましょう。

1 ネットショップ成功への道

ECの市場は対前年比で10%以上も拡大

2013年9月に経済産業省が発表した「平成24年度我が国情報経済社会における基盤整備」（電子商取引に関する市場調査）によると、2012年におけるB to C（一般消費者向け販売）のEC（電子商取引＝インターネットを通じた販売）市場規模は9兆5130億円で、対前年比112.5%もの伸びを記録しました。

とはいえ、EC化率（すべての商取引に占めるECの割合）はたったの3.11%です。さらに、総務省「O2Oが及ぼす企業活動の変化に関する調査研究」（平成25年）の「我が国における主要小売業の2012年流通額比較」によると、ネットショップの市場規模は実店舗にはおよばないことが見てとれます。伸び率は高いのに、市場規模は小さい。これらのことから分かるのは、**ネットショップ市場の伸びしろは大きく、今後も拡大をし続ける**ということです。

日本における主要小売業の2012年流通額比較

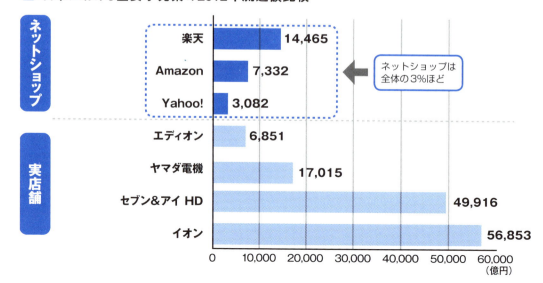

幅広いジャンルの商品が購入されている

かつてはネットショップで売れるのはパソコン関連など、特定のジャンルの商品だけだと思われていました。しかし、今では食料品から衣料品まであらゆるジャンルの商品がネットショップで販売されていて、幅広い市場を形成しています。

IT現状:EC市場の販売傾向

	全体	
1位	食品・飲料	48%
2位	CD・DVD	48%
3位	アパレル(洋服など)	47%
4位	雑誌・コミック・書籍	45%
5位	美容・コスメ・健康食品	38%

	男性	
1位	雑誌・コミック・書籍	47%
2位	CD・DVD	46%
3位	食品・飲料	46%
4位	家電・デジタル機器	42%
5位	アパレル(洋服など)	33%

	女性	
1位	アパレル(洋服など)	58%
2位	食品・飲料	51%
3位	CD・DVD	49%
4位	美容・コスメ・健康食品	45%
5位	アパレル小物(バッグ・靴など)	45%

(複数回答、回答者数:全体701人、男性294人、女性407人)

ECのミカタWEB「国内外のインターネット通販に関する調査」
URL http://ecnomikata.com/pr/detail.php?id=1363&page=2

拡大するスマートフォン・コマース市場規模

いつでもどこでも商品の購入を可能にしたスマートフォンの登場で、EC市場はさらに拡大しています。矢野経済研究所の調査によると、国内B to Cスマートフォン・コマース市場規模は2015年には2兆円を超える規模に成長すると予測されており、今後もインターネットを通じたEC市場の規模は、さらに拡大していくと見られます。

IT現状:EC市場の伸び率

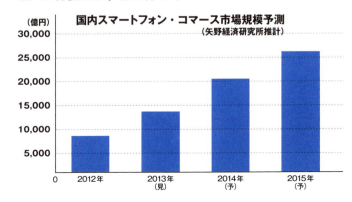

国内スマートフォン・コマース市場規模予測(矢野経済研究所推計)

矢野研究所「スマートフォン・コマース市場に関する調査結果2013」
URL http://www.yano.co.jp/press/press.php/001167

注1:事業者売り上げ高ベース
注2:市場規模は一部CtoC市場を含む、BtoC市場を対象とし、BtoB市場は対象外。また、物販系、サービス系、デジタルコンテンツ系、アプリ系などの市場の合計にて算出し、広告サービスや無料サービスを除く。
注3:(見)は見込値、(予)は予測値

Section 02 実店舗とネットショップの2つの違い

実際の実店舗とネットショップで商品を販売する際には、「商圏」と「コミュニケーション」2つの点で大きな違いがあります。それぞれの違いや、メリット・デメリットを明確にしながら、ネットショップの特性を理解しましょう。

1 ネットショップ成功への道

① ネットショップは商圏が広い

「ほしい」と思った商品が自分の住んでいる街のお店で売っていなくて、くやしい思いをしたことはないでしょうか。実店舗の場合、そのお店まで足を運んでくれる顧客がいないと成り立ちません。そのため、人口の少ない場所では、在庫リスクの高い、一般受けしにくい商品ばかりを扱うわけにはいきません。その結果、品揃えがよくないということで顧客満足度も下がってしまうというジレンマがあります。

一方、ネットショップの場合は商圏が広く、日本全国の顧客を相手に商売ができます。さらに外国語を使って宣伝すれば、商圏は日本だけでなく、世界中に広がります。そのため、一定地域には少数しか顧客のない商品でも全国からオーダーを受けることができ、多種多様な商品をそろえることが可能です。

ただし、その場で商品を入手できる実店舗に対して、ネットショップには商品が届くまで時間がかかるというデメリットもあります。

需要の少ない商品は実店舗では扱いにくい

ネットショップ
メリット
- 需要の少ない商品でも、全国の顧客を相手に商売ができる

デメリット
- 商品が届くまで時間がかかる

実店舗
メリット
- その場で商品を入手できる

デメリット
- 商圏が限られる
- ニッチな商品を置きにくい

> **Memo** ニッチな商品で利益を上げる ロングテール理論

実店舗であれば利益の上がらないようなニッチな商品でも、ネットショップで多品種少量販売に徹すれば利益を上げることができます。この手法をロングテールといいます。多種多様な商品をとりそろえるAmazonなどは、ロングテールを活用した代表的な成功例です。

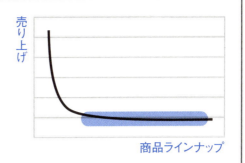

② 顧客とのコミュニケーションが難しいネットショップ

ネットショップは直接顧客と顔を合わせない分、コミュニケーションをとるのが難しく、信頼を得るのに時間がかかります。たとえば、顧客に対面で販売する実店舗であれば、顧客の感想や評価、クレーム、などの販売に欠かせない情報を直接、会話やしぐさを通じて知ることができます。ところが、ネットショップでは、顧客が購入後の感想などを直接メールで送ってくれるか、アクセスログを解析しないと分かりません。また、メールでのやりとりはタイミングや表現によっては、「連絡が遅い」「対応が冷たい」などの誤解を招きやすいので、会話でのやりとり以上に注意をする必要があります。

ネットショップでよくあるトラブル事例

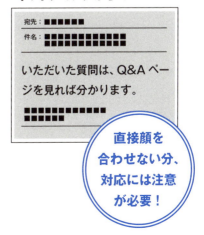

Section 03 ネットショップを運営することの2大メリット

お店を開く際における、実店舗と比較してネットショップのメリットは何でしょうか。ここでは、ネットショップの実利的なポイントを見てみましょう。ポイントは大きくわけて「コスト」と「時間的制約」の2つです。

1 ネットショップ成功への道

① ショップの開業＆運営コストが安い

実店舗と比べたときのネットショップの利点は、何といっても**ショップ開業の初期費用と運営コストの負担が低い**ところにあります。

実店舗もネットショップも運営に必要な商品の在庫などの負担は、それほど差がありません。しかし、実店舗を開業しようとすると、賃貸契約に必要な保証金などの費用、内装の工事費、備品の購入費など、初期段階で膨大な費用がかかります。その上、月々の固定費として、家賃も発生します。

一方、ネットショップの場合、初期費用として、パソコンなどの機器の購入費、そしてWebサイトを外注するのであれば、Webサイト作成費がかかるだけで、**実店舗にかかる費用とは比較にならない金額**です。月々の固定費として、通信費が必要ですが、家賃と比べると、はるかに安い金額といえるでしょう。

🧺 実店舗の開業には膨大な費用がかかる

ネットショップ
- パソコンなど機器の購入費
- インターネット接続の費用
- Webサイト作成費など、実店舗より安価で済む

実店舗
- 賃貸契約に必要な保証金などの費用
- 内装の工事費
- 備品の購入費が必要
- 家賃

ランニングコストもネットショップのほうが安く済む

② 時間的な制約が少なく融通が利く

　実店舗では、お店が開いている間は、誰かがお店の中にいる必要があります。副業で実店舗を運営する場合には、わざわざスタッフを雇わなければなりません。しかも、忙しい時間帯にスムーズに仕事をさばくためには、複数のスタッフを配置する必要も出てきます。

　ネットショップであればWebサイトを設置しておけば、24時間、365日、営業窓口として機能させることができます。副業で運営する場合でも、メールの返信や発送などの業務は、対応する時間帯をある程度自分で調整できます。

🧺 実店舗は時間的な制約が大きい

ネットショップ
- 24時間、365日購入の受付が可能
- 対応の時間はある程度自分で調整が可能

実店舗
- お店が開いているときには誰かが店舗にいなければならない
- 忙しい時間帯にはさらに多くのスタッフが必要

業務時間は自分でコントロール

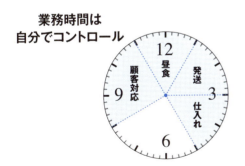

いつ忙しくなるかコントロールしにくい

Q&A 現在、実店舗を経営していますが、ネットショップを平行して運営するのは大変でしょうか。

まずは、実店舗を閉店したあとの空いている時間を利用して運営をスタートさせてみましょう。在庫や商品に関する情報収集など、実店舗と共用できる部分も多いです。

第1章　ネットショップ成功への道

Section 04 ネットショップの立ち上げにかかる5大費用を見積もる

実際にネットショップを立ち上げるにはどのくらいの金額がかかるのか、気になる人は多いと思います。いったいいくら必要になるのでしょうか。必要な費用を明らかにしながら、おおまかな費用を見積もってみましょう。

1 ネットショップ成功への道

① インターネット関連の費用

まずは、インターネットが安定して利用できる環境を整える必要があります。インターネットに接続するための端末として、**パソコンは必ず必要です**。iPhoneをはじめとするスマートフォンなどでもインターネットを利用することはできますが、ネットショップを運営するためには写真の編集やWebサイトの作成といった作業も発生します。

また、インターネットを使うには、インターネット回線とプロバイダー(インターネット接続業者)が必要です。**インターネット回線**は、スムーズに作業をするためにも、通信速度の速いADSLや光回線などのブロードバンドが最適です。プロバイダーは、契約プランに応じて、受けられるサービスも違ってきます。最初は手軽なプランを選択して、あとから必要に応じてランクアップするようにしましょう。

作業がスムーズにこなせる環境を整えよう

パソコン(約十万円程度〜)
最新のWebブラウザが利用できる程度の性能は必要。デスクトップ型、ノート型どちらでも可

インターネット回線(月額数千円程度〜)
ADSLやCATV、光回線などのブロードバンド接続が望ましい。開設のための費用が別途かかる場合もあるので確認が必要

プロバイダー(月額数百円程度〜)
契約内容に応じて、メニュープランもさまざま用意されている。最初は必要最低限度のプランからスタートさせるのがおすすめ

② 仕入れにかかる費用

　実店舗でもそうですが、お店を開くためには販売する商品を揃える必要があります。ただし、ネットショップの場合には、販売する商品数を絞ってオープンすることも可能なので、**必要以上の在庫を抱えないように気を付けましょう**。取り扱う商品がインテリアのように大きい場合には、在庫を保管するための倉庫を借りる必要が出てきますが、最初は可能な限り自宅に収納できる程度の在庫からスタートするようにしましょう。

　また、商品を仕入れる際には、まずは仕入れ先で設定している最低ロット（商品発注時の数量）を仕入れ、売れ行きを見ながら注文数を調整していきましょう。

🛒 最初は商品の在庫をできるだけ少なく

商品の在庫をいかに少なくできるかが（これを回転率を上げるといいます）、ショップを立ち上げるときでも、運営においても大切！

在庫回転率 ＝ 売り上げ原価（仕入れ値）（または売り上げ高） ÷ 棚卸資産額（在庫の総額）

在庫回転率を計算すれば、1年間に何回商品が入れ替わったかが分かります。この数字が大きいほど、効率的に商品がよく売れたことになります。

> **Memo** 倉庫代わりに使える仕入れ先を開拓しよう
>
> ネットショップの運営でいちばん費用負担が大きいのが、商品の仕入れです。どんなに安く仕入れた商品でも売れなければ、意味がありません。小ロットでもフレキシブルに対応してもらえる仕入れ先を大切にして、倉庫がわりに利用しましょう。

③ サービス・ソフトウェアにかかる費用

インターネット上にデータをアップロードするためのFTPクライアントソフト、「ホームページビルダー」のようなWebサイト作成ソフト、そして写真を加工するための画像編集ソフトがあれば安心です。また、費用はかかりますが、プログラムの技術がなくても、ショッピングカートシステムを導入できるASPというサービスもあります。そのほか、「Word」のようなワープロソフト、売り上げ管理のための「Excel」のような表計算ソフトもあると便利です。

これらのツールは使い勝手もよく高機能ですが、購入費用がかかります。コストを抑えたいなら、無料で利用できるフリーソフトを活用するとよいでしょう。本書では、できるだけコストをかけずに使えるサービスやソフトウェアを紹介します。

無料で利用できるサービス・ソフトウェア

ジャンル	サービス・ソフトウェア名	URL
FTPクライアント	FFFTP	http://sourceforge.jp/projects/ffftp/
Webサイト作成サービス	Jimdo	http://jp.jimdo.com/
オフィスソフト	OpenOffice	http://www.openoffice.org/ja/

④ 備品にかかる費用

ネットショップの運営には備品が必要です。写真を撮影するためのデジタルカメラ、梱包のための箱や袋などといった備品を用意しましょう。現在では、デジタル一眼レフもコンパクトデジタルカメラも操作性はあまり変わりません。使い勝手や予算と相談して、本格的なデジタル一眼レフにするか、費用負担の低いコンパクトデジタルカメラのするかを決めましょう。また、梱包用の箱や袋は取り扱う商品によって、大きさや強度が異なるので注意して選びましょう。そして、なるべく手に入れやすいものを選ぶようにしましょう。

梱包に使う用品を選ぶコツ

- ●手に入れやすい品を選ぶ
- ●オリジナルシールを作成して貼れば、見栄えがよくなる
- ●緩衝材も費用対効果で選択する

●使い勝手や予算と相談して選ぶ

⑤ ショップのオープンにかかる費用

ネットショップをオープンするには、プロバイダーまたはホスティングサービスを利用してWebサイトを運営する"独自サイト"と、「Yahoo!ショッピング」や「楽天市場」などの"ショッピングモール"を利用する方法があります（Sec.07参照）。また、独自サイトでネットショップを運営する場合には、ショッピングカートシステムを利用する必要があります。どちらの場合でも、ショップのロゴマークやWebサイトを、デザイン会社などに発注して作成する場合には別途制作費が必要となります。

「独自サイト」と「ショッピングモール」でコストはどう変わるのか

独自サイト
・ホスティングサービスもしくはASPサービスの契約（ショッピングカートのシステムなど）が必要
・Webサイトの維持費・管理費

ショッピングモール
・契約内容に応じて、費用が発生する
・売り上げに対して数パーセントのシステム利用料（契約内容に応じて変動）が課金される
・Yahoo!ショッピングのように無料のサービスもある

ホスティングサービスとは、Webサイトをアップロードできるサーバーをレンタルできるサービスです。

Q&A 見栄えのよいネットショップを作りたいけど、デザイン会社にすべて制作してもらうほどお金はかけられません。どうすればよいですか？

ロゴマークやネットショップのトップページ、さらには基本的なデザインのフォーマットだけをデザイン会社に作成してもらって、残りのページは自分で作成すれば、10～20万程度で済むこともあります。デザイン会社に相談してみましょう。

Section 05 ネットショップオープンまでの道のり

ネットショップの運営にかかる費用がおよそ把握できたら、ショップをオープンするまでにどんな準備が必要で、どんなスケジュールで進めていくべきなのかを考えましょう。ショップのイメージやスケジュールは、なるべく具体的に考えることが大切です。

1 ネットショップ成功への道

① ショップを具体的にイメージする

ネットショップをオープンするための細かい段取りも大切ですが、まずはどんなショップを開きたいのか、しっかりとイメージをすることが必要です。「どんなショップを作りたいのか」「取り扱う商品は何か」「独自サイトかショッピングモールに出店するのか、あるいは両方するのか」など、自分の運営したいショップのイメージをできるだけ具体的にまとめてみましょう。考えた内容は箇条書きでもよいので記録に残しておくと、ショップのオープン作業を進めるときに、方向性で迷うことがなくなります。

🧺 "どんなショップを開きたいのか" は5W2Hで考える

5W

なぜ（Why）	⇒	ショップを運営する理由は？
何を（What）	⇒	何を売るのか？
誰に（Who）	⇒	誰に売るのか？
どこで（Where）	⇒	ショップをどこに開くのか？
いつ（When）	⇒	いつから売るのか？

2H

| どのようにして（How） | ⇒ | どうやって売るか？ |
| いくらで（How much） | ⇒ | いくらで売るか？ |

> プランをしっかり書面にまとめよう

② スケジュールに合わせて準備を進める

　どんなネットショップを作りたいかプランがまとまったら、ショップのオープンまでに完了させなければならない事項を書き出して、それぞれいつまでに終わらせればよいかスケジュールを組みます。スケジュールを組む際には、「銀行口座の開設」「配送会社の選択・送り状の作成」などバックヤードを整えるために必要な事項も忘れずにピックアップしておきましょう。スケジュールが決まったら、早速、行動開始です。

スケジュール作成では項目ごとの連動も重要

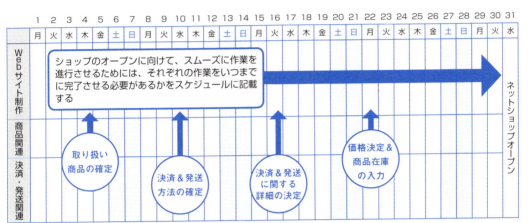

主なバックヤードの準備

うまくパソコンを利用すれば、自宅にいながら振り込みを確認したり、送り状を作成したりすることができる

> **Memo　許認可の申請は早めに対応を**
>
> お酒や生の食料品など、販売するために関係する役所への届け出や申請が必要な商品を取り扱う場合には、早めに手続きを済ませておきましょう。手続きが遅れてしまうと、ショップのオープン日までに許可が下りずに、予定を変更することにもなりかねません。

Section 06 どんなショップを作るか決めよう

実際にネットショップを立ち上げる作業に入る前に、しっかりとどんなショップにしたいかを決めておけば、準備や実際の運営においても方針がぶれずに済みます。自分の理想のショップをイメージしながら、具体的なコンセプトを決めていきましょう。

1 ネットショップ成功への道

① 理想のショップを具体的にイメージしよう

最終的にどんなショップにしたいかという「コンセプト」を、始めにしっかり決めましょう。同じ輸入雑貨のショップでも、「アジア」と「欧州」、もしくは「高級」と「低価格」、どちらをチョイスするかでショップのコンセプトはまったく異なります。

ネットショップや実店舗で、「こんなショップを運営したい！」と参考にできるショップを見つけて、具体的なイメージを固めていきます。文章でも、図でもかまわないので、ショップのコンセプトを形に残しておいて、迷ったときには再確認できるようにしておきましょう。

🛒 同じ業種でも商品やターゲット、価格帯が異なるとコンセプトも変わる

同じ「輸入雑貨」のショップでも

- 販売する商品は「アジア製」か「欧州製」か？
- 販売する商品は「既製品」か「オリジナル」か？
- ターゲットは「若者」か「シニア」か？
- ターゲットの性別は「男性」か「女性」か？
- 価格帯は「高級」か「手頃」か？　などなど

目指すショップの具体的なイメージを決めよう！

男性  or 女性

アジア製  or  欧州製

② 物事はコンセプトに従って決めよう

　ショップのコンセプトが決まったら、ショップの商品ラインナップやデザインのテイストなどの具体的な項目をコンセプトに従って決めていきましょう。ショップのコンセプトが「アジアの生活雑貨を若者に手頃な価格で提供するショップ」であれば、商品ラインナップはもちろん、デザインや商品の説明のしかたも、コンセプトに合わせて自然と方向性が固まっていきます。しっかりしたコンセプトに従って運営されているショップは、顧客にとっても、「自分の好みのショップかどうか」をひと目で判断できるので、集客にも効果的です。

🛒 コンセプトが決まればショップの個性が見えてくる

ショップコンセプトが「アジアの生活雑貨を若者に手頃な価格手頃な価格で提供するショップ」なら

- デザインの色使いや雰囲気もアジア風に
- 商品の説明には難しい表現を使わない
- 決済方法に電子マネーなどを加える
- ショップは携帯電話にも対応　など

> コンセプトに従って、具体的な内容が自然に固まってくる。

Webサイトの雰囲気

商品説明

× 固い表現
○ 砕けた表現

決済方法

Q&A　ショップのコンセプトには合わないのですが、とても売れ筋の商品を紹介されました。売り上げアップのために、取り扱うべきでしょうか。

　たとえ、どんなに流行の品や人気商品であっても、自分のショップのコンセプトにマッチしない商品はラインナップに加えるべきではありません。ショップのコンセプトがぶれてしまうと、顧客が「自分の好みのショップかどうか」を判断しにくくなり、集客力が落ちます。その結果、売り上げアップにつなげることは難しくなるでしょう。

Section 07 出店方法を考えよう

ショップのコンセプトが決まったら、どのような方法で出店するかを考えます。ここではショッピングモール、独自サイト、システムを構築する方法を紹介しますが、方法ごとにメリットとデメリットがあるので、自分のショップにふさわしい方法を選びましょう。

① ショッピングモールに出店する

自社サイトでは、サイト構築や集客などは自分で試行錯誤して進めていく必要がありますが、ショッピングモールの場合はコンサルティングや講習会、モール内広告といったサポート・システム面がしっかりしているため、スムーズにサイトが運営できます。また、ショッピングモール自体に大きな集客力があるのも魅力です。

なお、月額出店料や売り上げ金額に応じた利用料が発生するショッピングモールもあります。その場合、ショップの利益率は自社サイトの場合よりも低くなります。ショッピングモールの内容をよく見てから利用しましょう。

集客力が魅力のショッピングモール

楽天市場
URL http://www.rakuten.co.jp/

Amazon
URL http://www.amazon.co.jp/

Yahoo!ショッピング
URL http://shopping.yahoo.co.jp/

3大ショッピングモールの比較

	楽天市場	Amazon	Yahoo!ショッピング
初期費用	¥60,000	無料	無料
月額出店料	¥19,500～¥100,000	¥4,900 ※大口出品	無料
システム利用料	2%～5.5% カード決済手数料含まず	8%～45% カード決済手数料含む	無料 カード決済手数料含まず

② 独自サイトでASPを利用する

独自サイトでネットショップを出店する場合には、ASP（アプリケーション・サービス・プロバイダー）を利用するのが一般的です。ASPとは、ネットショップのシステムを提供しているサービスのことです。ASPを利用すればショッピングカートや決済などのシステムを利用できるだけでなく、「Eストアー」のようにホスティングも兼ねているサービスを活用すれば、独自ドメイン（インターネット上の住所）の取得や、レンタルサーバーの利用もまとめて対応してくれます。

Eストアー
URL http://estore.co.jp/

③ システムを構築する

プログラムを構築するスキルを持っているのなら、自分でショッピングカートのシステムを組んでもよいでしょう。自分の思いどおりのシステムが構築できますし、システム費用を比較的かけずに運用できます。自分でプログラムが書けないなら、対応にかかる手間を考えると、ASPやショッピングモールを利用するのがおすすめです。システム構築のメリット・デメリットは独自サイトと同じですが、そのほかに以下のメリットが挙げられます。

📂 メリット・デメリットの比較

ショッピングモール

メリット
- 圧倒的な集客力がある
- プログラムの知識が不要
- 出店・決済が容易

デメリット
- 費用（初期・毎月・売上ロイヤリティなど）がかかる
  ※Yahoo!ショッピングは無料
- 会員情報はモールに帰属する
- 制約が多い

独自サイト（ASP）

メリット
- 導入・運営費用が安い
- 会員情報をさまざまに活用できる

デメリット
- 集客が難しい
- 運用サポートに乏しい

システム構築

メリット
- 自由にシステム構築可能
- メンテナンス即時対応可能

デメリット
- プログラムの知識が必要

Section 08 ショップを作ろう

出店する方法が決まったら、実際にネットショップの制作にとりかかりましょう。ここでは、ショップを制作する手順について解説します。ネットショップを作る際は、始めにネットショップの構成を考え、どのようなトップページを作るか考える必要があります。

1 ネットショップ成功への道

① ネットショップの構成を考える

デザインやコンテンツ（文章や写真）に手を付ける前に、ネットショップの構成をしっかり考えます。トップページを基点に、商品をどんなカテゴリーに分類して表示するか、さらには「お店の紹介」や、「決済」「発送」についての説明など、サイトに掲載する情報をどのように配置するかをまとめてみましょう。その際は、積極的に売り上げランキング上位のネットショップのページ構成を見て、参考にしましょう。ページ構成が決まれば制作のボリュームが見えるようになるので、その後のスケジュールも立てやすくなります。

また、現在では、ブログから見込み客を集める方法が必須です。下記のブログ構成を参考に、コンテンツを考えましょう。

構成はツリー（木）構造にすると分かりやすい

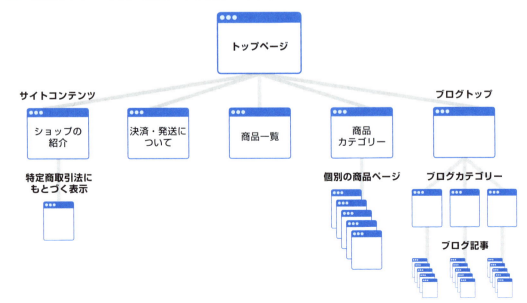

② トップページはショップの顔になる

　構成が決まったら、ネットショップのロゴマークやキャッチフレーズを決めて、トップページを作ってしまいましょう。トップページは顧客にショップのイメージを印象付ける、まさしく顔といえる存在です。トップページのデザインが決まったら、トップページに用いた色使いやレイアイトをもとに、ほかのページを作成していきます。こうすることで、ショップ全体のデザインに統一感を持たせることができます。先に作成した構成図に従って、トップページの直下にあるページから作成していき、順次、下の階層にあるページへと制作を進めましょう。

トップページを作成する際に一緒に決めること

ショップの名前
輸入雑貨のお店 トリノマーケット、贅沢輸入雑貨 イタリアンライフ

ロゴマーク

Itarian Life　　イタリアンライフ

キャッチフレーズ
イタリア産の生活雑貨やファッション小物を販売。ベネチアングラス、食器、ネックレスなど、ちょっぴり贅沢な気分にお得な値段でなれる商品をラインアップ。

デザインの方向性（雰囲気など）
地中海らしい明るくからっとした雰囲気のデザインに。

色使い
白色を基調　赤や緑など原色を豊かに。

Memo　色使いで印象はまったく変わる

赤や黄などの暖色系なら「親しみやすさ」、青などの寒色系なら「知的さ」など、色によって、顧客に与える印象が決まってきます。色使いはよい印象を与えることもあれば、悪い印象を与えることもあります。専門書で勉強するかデザイナーに相談するなどして調整しましょう。

Section 09 商品の販売／発送を行う

ネットショップをオープンして、注文が入ったら具体的にどうすればよいのでしょうか。発送までの手順について、簡単に説明します。また、ネットショップを運営していく上で、起こりやすいトラブルの対処法も見ていきましょう。

1 ネットショップ成功への道

①「決済」「発送」「集金」が完了するまで気を抜かない

注文が入ったら、実際に商品を顧客に発送します。具体的には、「決済」「発送」「集金」の順に作業を進めます。

まず、顧客が代金を支払う決済方法を確認します。**決済方法が代引きの場合は、宅配便の発送伝票が異なるので注意が必要です**。決済に問題がなければ、発送手続きにとりかかります。住所・氏名を的確に記載するのは当然ですが、納品日の指定や、冷蔵便の使用など、注文ごとに間違いのないようにチェックが必要です。

発送が完了しても、まだ気を抜いてはいけません。クレジットカード決済ならクレジットカード会社、代引きなら宅配便業者、振り込みなら口座でしっかり集金を確認しましょう。

発送伝票

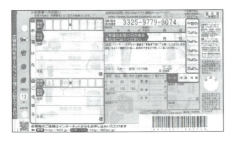

代引き発送伝票

代金を回収して初めて販売が完了する

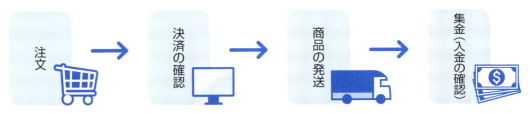

注文 → 決済の確認 → 商品の発送 → 集金（入金の確認）

② トラブルに対応するために

「商品が指定した日に届かない」「間違った商品が届いた」など、ネットショップを運営していると、どうしてもトラブルは発生してしまいます。「何重にもチェックをする」こともちろん大切ですが、トラブルが発生した場合にどのように対応するかという「ルール」をしっかり決めておくことも、トラブルをスピーディに解決するためには重要です。また、メールや電話による問い合わせやクレームにも適切に対応できるように、一部変更すればくり返し使えるテンプレート（メールの定型文）や「よくあるご質問」のページを整えるようにしましょう。

📪 ショップガイドや「よくあるご質問」を用意しておくと顧客も安心する

カフェリコ「Q&A」
URL http://cafe-rico.com/hpgen/HPB/categories/53728.html

よくある質問が項目ごとにまとめて掲載されている。「よくあるご質問」のページを作る際は、こうしたページの記載内容を参考にするよい

木のおもちゃ デポー「初めての方へ」
URL http://www.depot-net.com/fs/depot/c/hajimete#g1

注文から手元に届くまでの流れをまとめて説明している。全体の流れが分かるので、初めての顧客も安心して購入できる

Q&A 副業でネットショップを運営しているので、平日は受注の対応や梱包に時間をかけることができません。どうするべきでしょうか。

商品の受注から梱包、発送、決済までトータル業務を請け負うフルフィルメントサービスや外注することも検討して、できるだけ早く発送しましょう。特殊な商品の場合には、ショップのページに発送まで日数がかかることを明記しておきましょう。

Column

これからの要注目！ オムニチャネル

　最近、注目を集めている"オムニチャネル"。従来のマルチチャネルとどこが違うのでしょうか？

　マルチチャネルとは、実店舗、パソコン、モバイル、SNSなど、複数のチャネルで顧客との接点を持つことです。通常、それぞれのチャネルはバラバラで、顧客に提供するサービスもチャネルによって違います。

　一方、オムニチャネルでは、すべてのチャネルを融合させて顧客に働きかけます。たとえば、Facebookで見かけた商品を、通勤中の隙間時間を利用してモバイルサイトから注文、商品の受け取りは帰り道のコンビニで、といった具合に、顧客の都合に合わせたサービスを提供することができます。

　ネットとリアルを連携させ、オムニチャネルの環境を整えることがネットショップで成功するカギとなるでしょう。

☑ 1章のチェックポイント

	Yes	No
実店舗とネットショップの違いを理解した	☐	☐
ネットショップ運営のメリットについて理解した	☐	☐
ネットショップ立ち上げの費用を見積った	☐	☐
ネットショップのイメージ・コンセプトを決定した	☐	☐
ネットショップの構成・トップページを考えた	☐	☐
ネットショップ開店までのスケジュールを立てた	☐	☐
出店方法を決定した	☐	☐

第 2 章

ネットショップ開店の下準備

- ネットショップの運営に必要なもの ……………………… 34
- 決済方法を決めよう ……………………………………… 38
- 配送方法を決めよう ……………………………………… 40
- ネットショップ用の銀行口座を開設しよう ……………… 42
- ネットショップの名前を決めよう ………………………… 44
- ネットショップのドメインを決めよう …………………… 46
- 開業届を提出しよう ……………………………………… 48
- ネットショップ下準備チェックシート …………………… 50

Section 10 ネットショップの運営に必要なもの

ネットショップをオープンするためには、いろいろな手続きを済ませ、運営方法を決めなければいけません。まずは、何が必要なのかを洗い出しましょう。ここでは決済方法や配送方法、ショップの名前や販売許認可についての概要を解説します。

決済方法について考えよう

商品に注文が入れば利益が上がったように思いますが、厳密には、それだけでは商品が売れたということにはなりません。商品の代金を回収して初めて利益が上がり、商品が売れたということになります。ネットショップの場合、商品代金の方法について、実店舗以上に周到に用意しておかなければなりません。実店舗であればほとんどの場合、代金をその場で直接受け取ることができますが、ネットショップの場合は、当然ながら直接代金を受け取ることができません。クレジットカード決済や銀行振込など、何らかの方法で、顧客から代金を回収しなければなりません。商品代金を回収するしくみを**決済方法**といいます。商品代金未回収のリスクは、ネットショップにとって避けられない宿命です。しっかりと準備しておきましょう。月額利用料や決済手数料などがかかる場合があるものの、クレジットカードの利用者は多いので、**クレジットカード決済はなるべく導入を検討しましょう**。

🛒 決済方法にはさまざまな種類がある

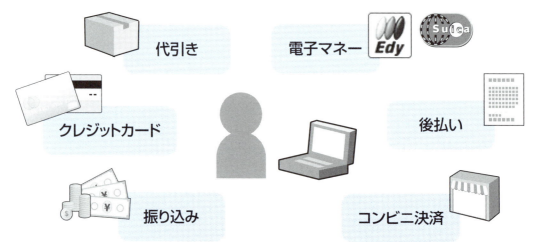

配送方法について考えよう

ネットショップは、顧客に直接商品を手渡すことができません。**商品は配送することになり、配送業者に託すことになります。**配送業者は、自分にかわって商品を顧客に届けてくれる役目を負うものです。信用の置ける確実な方法を選択しましょう。

配送方法では、確実に配達されるということが大事ですが、ほかにも考慮すべき点があります。それは**サービスの種類**と**価格**です。商品によっては冷凍や冷蔵が必須の場合や、着時間厳守といった場合があります。また、ギフト商品など、注文者と配送先が異なる場合も少なくありません。受領印で受取確認ができるサービスを利用すれば、トラブルが発生した場合でも問題の解決が容易になります。

価格については、一般の宅配業者よりも日本郵便の「ゆうパック」のほうが全般的に安価に設定されています。しかし、サービスの内容や個数などによっては、価格が変わってくる可能性があります。

佐川急便株式会社
URL http://www.sagawa-exp.co.jp/

代表的なサービス
- 飛脚宅配便・飛脚航空便
- 飛脚クール便・飛脚国際宅配便
- 飛脚ラージサイズ宅配便 など

ヤマト運輸株式会社
URL http://www.kuronekoyamato.co.jp/top.html

代表的なサービス
- 宅急便・宅配便コレクト・宅急便コンパクト
- クール宅急便・空港宅急便・ネコポス
- オークション宅急便・超速宅急便 など

日本郵便株式会社
URL http://www.post.japanpost.jp/index.html

代表的なサービス
- レターパック・ゆうパック
- ゆうメール・ゆうパケット
- ポスパケット・国際郵便など

ネットショップの名前やドメインを考えよう

　ネットショップのオープンまでには、ショップの名前とインターネット上の住所ともいえるドメインを決めておく必要があります。ショッピングモールに出店する場合でも、ショップ名は必要です。届け出などの書類にも記載するので、早めに決定しておきましょう。また、ネットショップのオープンと一緒に会社を設立する場合には、あわせて法人の名称も検討する必要があります。名前やドメイン名は、集客やSEOに大きく影響します。これらについてはSec.14とSec.15で詳しく説明します。

ネットショップの名前は影響が大きいので早めに決定する

名前は、ロゴマークやドメイン名に使ったり、手続きに必要になったりと、何かにつけ必要になる。手続きなど、遅れが出ないよう早めに決めておく

販売に許認可が必要かどうか調べよう

　実店舗・ネットショップにかかわらず、販売するには許認可が必要な商品もあります。たとえば、お酒を販売する場合には税務署で「酒類小売業免許」、リサイクル品の販売であれば警察署で「古物商許可」を申請して、許可を得る必要があります。取り扱う商品が決まったら、自分の扱う商品が許認可が必要かどうか確認し、必要であれば必ず所定の手続きを取っておくようにしましょう。手続きが必要な商品は、国内のものと輸入品によって、手続きが異なってきます。また、輸入品の場合は、国内のものと比べ許認可が必要なケースが増えます。輸入品には細かな取り決めが多数あるため、あらかじめミプロ（一般財団法人対日貿易投資交流促進協会）や税関に相談しておくとよいでしょう。

　許認可のほかにも、Webサイトに掲載する情報などは、「特定商取引法」でガイドラインが規定されています（Sec.56参照）。必ず内容を確認しておくようにしましょう。

📁 国内商品の場合

・食品	保健所	「食品衛生責任者の免許」「食品衛生法に基づく営業許可」の取得が必須 手作りの食品、魚介類（生はもちろん干物など加工品も）、乳製品など
・ペット		犬を10匹以上飼育して販売する場合は動物取扱業の許可も必要 犬、猫、小鳥などの小動物、は虫類
・酒類	税務署	一般酒類小売業の免許が必要 アルコール度1度以上のすべての酒類、みりん
・その他、危険物	各都道府県の薬務課	花火、キャンプ用のホワイトガソリン、カセットコンロ

📁 輸入品の場合

・食品	厚生労働省検疫所	国内では自由に販売できる野菜や缶詰も食品衛生法の規制対象 農産物、缶詰など加工品、お茶、コーヒー
・食器		人の口に接触する機会の多い商品は、食品衛生法の対象となる お皿、カップ、グラス、スプーン、フォークなど
・動植物	厚生労働省検疫所、植物検疫、動物検疫	有害な害虫、種子などの進入を防ぐため、検疫手続きが必要 犬、猫、小鳥などの小動物、生花、種子類、ドライフラワー、魚類、昆虫

Section 11 決済方法を決めよう

対面販売のできないネットショップでは、決済の方法をしっかり準備しておく必要があります。どんな決済方法があるかを知るとともに、代引きや口座振り込みクレジットカード決済について詳細を見ていきましょう。

さまざまな決済方法

代金を回収する「振り込み」「クレジットカード」「代引き」「電子マネー」「コンビニ決済」「後払い」などのしくみを決済方法といいます。自分のネットショップがターゲットとする顧客の特徴をよく考えて、採用する決済方法を選択しましょう。

代引き

配送業者から商品を受け取る際に代金を支払う「代引き」は、顧客にとって手軽で安心して利用できる決済方法です。配送料とは別に、1件あたり数百円の手数料がかかりますが、最近ではクレジットカードや電子マネーも使用できる配送業者も登場するなど利便性が向上しています。ネットショップを含む通信販売では、代引きは急速に利用件数を伸ばしています。厳しい審査もなく、導入も簡単にできるのもメリットとなっています。

代引きのしくみ

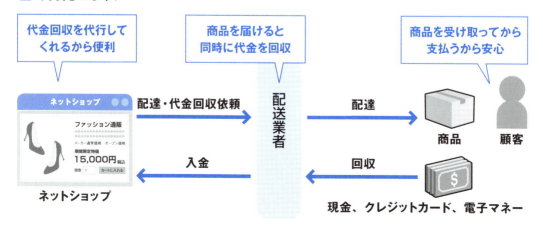

口座振り込み

　指定の金融機関の口座に入金してもらう方法です。振込手数料が割高ですが、ネットバンキングサービスの普及に伴い利用者は多いです。最近では郵便局からでも銀行への振り込みができるようになりましたが、顧客の利用しやすさを考えれば、ゆうちょ銀行と銀行の両方で振り込み用の口座を準備しましょう。また、ネットバンキングサービスを利用すれば、パソコンや携帯電話で入金も確認できます。

クレジットカード決済

　クレジットカードは顧客にとっては非常に便利な決済方法ですが、加盟店になるには、クレジットカード会社による審査をクリアする必要があります。クレジットカード会社ごとに複雑な手続きやセキュリティ対策などを証明する必要があり、個人で契約を結ぶことはなかなか難しいのが現状です。しかし、実はクレジットカード会社と直接、加盟店契約をしなくてもクレジットカードでの決済を導入することができます。契約から決済処理までを代行してくれる決済代行会社を利用するという手段です。ネットショップ構築ASPを利用すると各種決済代行会社を選ぶことができます。また、「ヤマト運輸」など、大手宅配便業者では代引きの支払いをクレジットカードでも受け付けるサービスを提供しています。

ソフトバンク・ペイメント・サービス
URL http://www.sbpayment.jp/

VISA、MasterCard、JCB、American Express、Diners Club Internationalに対応。商品代金以外に、会員制サービスで会員費の徴収やカタログ通販、デジタルコンテンツ販売にも利用可能。法人、SOHOにも対応できる

ヤマトフィナンシャル
URL http://www.yamatofinancial.jp/

ヤマトフィナンシャルでは、荷物お届け時の決済方法を代金引換以外にも多数揃える。カード決済もその中の1つ

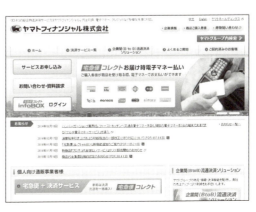

Section 12 配送方法を決めよう

ネットショップでは、決済方法だけでなく配送の方法をしっかり準備しておく必要があります。さまざまな種類がある配送方法の特徴をつかみ、配送業者を選ぶポイントや配送に必要な資材の調達方法などを見ていきましょう。業者の比較では、配送料金比較サイトを使うのが便利です。

最適な配送方法とは

宅配便にもさまざまなサービスが導入されています。配達温度の異なる「冷蔵便」「冷凍便」や、小さく薄い商品を手軽な価格で配送できる「メール便」、飛行機を利用して早く届けてくれる「航空便」があります。さらには、海外へ商品を配送してくれる「国際便」もあります。配送会社を決める前に、まずは自分のネットショップの商品には、どんな配送方法が最適かを見極めましょう。

種類	特徴
宅配便	汎用性が高く、価格が安い
冷蔵便	食品・飲料の輸送に最適
冷凍便	冷凍食品の輸送に最適
メール便	小さくて薄くて軽い商品であれば格安で配送可
航空便	遠方であっても配送期間を短縮できる
国際便	日本以外の国にも商品を配送できる

配送業者はどうやって選ぶべきか

配送方法が決まったら、配送業者を選びます。全国規模の配送ネットワークを持っている大手の配送業者には、「日本郵便」「ヤマト運輸」「佐川急便」「西濃運輸」などがあります。まず、自分が利用したい配送サービスを取り扱っている業者をピックアップしましょう。配送個数によっては配送料金を割り引いてくれることもあります。複数の業者から見積もりをとって、その上で配送業者を選ぶとよいでしょう。

業者を選ぶチェックポイント

- ☐ 利用したい配送方法を取り扱っているか
- ☐ 営業担当者の対応は丁寧か
- ☐ 商品破損時の対応は明解か
- ☐ 配送料金は適正か
- ☐ 高額商品への保険はかけられるか

※くれぐれも料金の安さだけで決定をしないこと！

配送料金比較サイトを利用しよう

　宅配便だけでも複数の業者があり、それぞれにさまざまなサービスを展開しているため、自分のお店で扱う商品は、どの配送業者に任せるのがいちばんなのか、判断が付かない場合があります。また、クール便やメール便などを使うことも考えれば、どこに頼めばよいのかますます分からなくなってしまいます。そんなときは、「送料の虎」などの料金比較サイトを利用して調べてみましょう。条件を設定して最安値を調べることができます。また、集荷先を検索することができ、自分にとって便利な配送業者を探し出すことができます。

送料の虎
URL http://www.shipping.jp/

配送に必要な資材

　商品を配送するためには、商品を梱包するための袋やダンボールが必要です。また、こわれやすい商品の場合には、緩衝材も用意しましょう。さらに、取り扱いに注意が必要な場合には「冷蔵」「こわれもの」などのシールも必要になります。

アスクル
URL http://www.askul.co.jp/

配送資材はアスクルのような通販サイトで仕入れてもよい

> **Memo** 配送費は「配送料金」＋「配送資材費」で算出
>
> よく、「配送費を安くして顧客を集めよう」と考えて、配送業者の見積金額どおりで配送費を決めてしまう人がいます。配送の際には、資材のコストもかかります。「配送資材費」も含めて配送費を決めましょう。

Section 13 ネットショップ用の銀行口座を開設しよう

どんな決済方法を利用するにしても、代金を受け取るための銀行口座は必要です。ショップ運営で必須となる支払いを行うためにも、ネットショップ用の銀行口座を用意しましょう。ネット専用のインターネットバンクや、幅広く利用されているゆうちょ銀行の口座を用意するとよいでしょう。

ネットショップ専用の銀行口座を持とう

おそらくほとんどの人が、すでに銀行口座を持っているでしょう。しかし、ネットショップを運営するなら、できるだけ別の銀行口座を開設しましょう。ネットショップを個人で運営する場合はもちろん、法人で運営する場合も同様です。ネットショップを運営していると、お金の入出金が頻繁に発生します。生活費と同じ銀行口座をネットショップに使用していると、どうしても収支の管理があいまいになってしまいます。収支を的確に把握するためには、銀行口座がネットショップ専用になっていたほうが何かと都合がよいのです。

ネットショップ専用の銀行口座なら収支を把握しやすい

本業の給与 → 総合口座通帳 ← 生活費の支払い

ネットショップの売り上げ → ネットショップ専用口座通帳 ← ネットショップにかかる諸費用の支払い

どの銀行で口座を開設すべきか

ネットショップを運営する場合、**ネットバンキングがおすすめです**。ネットバンキングなら、夜昼問わず口座の確認が可能です。ネット専業銀行は、振込手数料や提携するATMの手数料が割安なことも多く、ネットショップ用の口座としておすすめです。口座に振り込みがあった場合に、メールで通知してくれるサービスを行っているネットバンキングもあります。

ジャパンネット銀行
URL http://www.japannetbank.co.jp/
ネットバンキングなら、いつでも口座の確認が可能。ネットバンキング特有の機能があり、入出金明細をCSV形式などのデータとしてダウンロードできたりと、収支計算する場合にも便利

できればゆうちょ銀行の口座も開設を

地方に住む顧客の中には、近くに銀行がなく、主要な金融機関としてゆうちょ銀行を利用している人も多いはずです。ゆうちょ銀行から一般的な銀行へ振り込みができるようになりましたが、ゆうちょ銀行に口座を持っている顧客ならば手数料が無料なので（ゆうちょ銀行どうしなら月5回まで無料）、「ゆうちょ銀行で決済したい」というケースもありえます。そういったニーズに対応するためにも、**ネットショップ用にゆうちょ銀行の口座も開設しておきましょう**。なお、ゆうちょ銀行の総合口座は、ゆうちょ銀行および郵便局の窓口で申し込む必要があります。インターネットサービスの「ゆうちょダイレクト」を利用する場合は、口座を開いた上でネット上から利用申し込みを行い必要な書面を郵送します。

Q&A 運営するネットショップの名義で銀行の口座を開きたいのですが、どうすればよいのですか？

個人事業主が事業の名称で銀行の口座を開設する場合は、「屋号＋個人名」となります。この場合は、個人事業主本人を証明する書類のほか、屋号を証明する書類も必要になります。銀行ごとに対応も異なるので、詳細はそれぞれの銀行に確認してください。

Section 14 ネットショップの名前を決めよう

実際に店舗を構えていないネットショップでは、ショップの名前が顧客の第一印象に大きな影響を与えます。また、集客の点でも名前は重要です。インターネット上の住所であるドメインも、ネットショップの名前と連動させると効果的です。

ネットショップにとって名前は命

ネットショップの名前は、「取り扱う商品にふさわしいかどうか」がいちばん重要になります。商品が「高級品」なのに、ネットショップの名前が「爆安SHOP○○」では、顧客は混乱してしまいます。

また、ネットショップの名前はSEOにも非常に大きく影響します。ネットショップの名前は、すべてのページに登場します。検索エンジンはネットショップの名前で、そのWebサイトがどのようなジャンルで、どのようなキーワードに関連するのかを判断します。つまり、単なる「佐藤商店」ではなく、「高級輸入時計の店 佐藤商店」のほうが、集客力があるといえます。

名前によって集客力も販売力も変わってくる

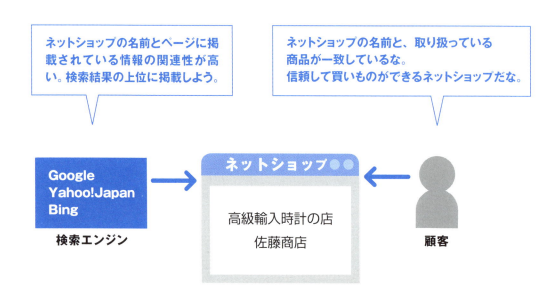

ドメインとの連動も忘れずに

ネットショップの名前を決める際には、ドメイン名との連動を考慮しておく必要があります。ネットショップの名前と同じドメイン名なら、覚えてもらいやすいからです。よい店名を思い付いたとしても、すでにドメインが取得されていることもあります。候補となるドメインがすでに取得されている場合の対応については、Sec.15を参照してください。

▲ ネットショップの名前はドメイン名も考慮する

商号、商標の法律違反に注意しよう

当然ながらネットショップの名前にも、実店舗同様、規制が設けられています。すでに存在しているお店と同じ、またはよく似た名前を使用して営業していると、「不正競争防止法」に違反することになります。違反をしないことはもちろんですが、自分のネットショップの権利を守るためにも一度、法律に目を通しておきましょう。

不正競争防止法説明資料
URL http://www.meti.go.jp/policy/economy/chizai/chiteki/unfair-competition.html

> **Memo** ショップの名前が決まったらロゴマークを作ろう

ロゴマークがあると、ショップのイメージが顧客に伝わりやすくなります。実店舗と同じように、ネットショップでも名前が決まったら、ショップの名前をデザインしたロゴマークを作成しましょう。

Section 15

ネットショップのドメインを決めよう

ネットショップをオープンするなら、できればあわせて独自のドメインも取得しておきましょう。このSectionでは、ドメインについて説明します。ドメインの種類や取得方法、ドメインを取得する上での注意点などを押さえておきましょう。

ドメインはネットショップの住所

ドメインとはインターネット上に存在するコンピューターを識別するための記号のことで、ホームページのURL（http://www.○○○.com）やメールアドレス（info@○○○.com）に使用されます。ネットショップが独自のドメインを持っていると、顧客に「このネットショップはきちんと運営しているな」と安心感を与えることができます。また、ネットショップの名前がドメイン名と同じなら、顧客がドメインを覚えやすいという利点もあります。

独自ドメインは信用の証

独自ドメインのネットショップ
URL　http://www.○○○.com
メールアドレス　info@○○○.com

顧客：しっかり営業しているネットショップのようだし、信用できそうだ

ドメインを持っていないネットショップ
URL　http://www.プロバイダ名.ne.jp/○○○/
メールアドレス　○○○@プロバイダ名.ne.jp

顧客：きちんと対応してもらえるか心配だな

Q&A　ショッピングモールを利用してネットショップを運営する場合でも、独自ドメインは必要ですか？

「楽天市場」のようなショッピングモールでネットショップを運営する場合には、独自ドメインのURLは必要ありません。

楽天市場
http://www.rakuten.co.jp/ショップID/

Yahoo! ショッピング
http://store.shopping.yahoo.co.jp/ショップID/

ほしいドメインがすでに取得されていたら

誰もが思い付くような人気のキーワードでドメインを取ろうとしても、「.com」や「.jp」ではすでに取得されている可能性があります。そんなときにはドメインに「-（ハイフン）」などの記号を入れたり、うしろに「shop」などの言葉を追加することで、ドメインが取得できる場合があります。自分のネットショップにぴったりのドメインを取得できるように工夫してみましょう。

ドメイン名を工夫すれば取得しやすくなる

ドメイン名は長すぎないように

ドメイン名を工夫すればドメインは取得しやすくなりますが、どんどんドメインが長くなってしまいがちです。長すぎるドメインは顧客にとって覚えにくいだけでなく、見映えもあまりよくありません。なるべく短いドメインを選ぶようにしましょう。

> **Memo** ドメインの種類によって、登録や更新の料金が異なる
>
> 世界中から登録を受け付けている「.com」や「.net」などと比較して、「.jp」など日本国内からしか登録を受け付けていないドメインのほうが登録や更新の料金は高額なので、覚えておきましょう。

Section 16 開業届を提出しよう

ネットショップをオープンする準備がひと通りそろったら、「開業届」を提出しましょう。また、領収書などもしっかり保管しておきましょう。個人事業主なら、確定申告の際は「青色申告」で行いましょう。さまざまな優遇処置を受けることができます。

税務署に開業届を提出する

事業を行っている個人は、確定申告の際に「青色申告」を選択することで、経費などさまざまな点で税制の優遇処置を受けることができます。ネットショップも立派な事業なので、新しくネットショップをオープンする場合には、税務署に「個人事業の開廃業等届出書（開業届）」を提出します。開業届を提出しておけば、毎年、年明けのころには確定申告書が届くようになります。副業でも、20万円以上の収入がある場合は確定申告の提出は義務となります。

開業届はインターネットからダウンロードもできるので、まずはどういった項目が必要なのか確認してみるとよいでしょう。なお、開業届を提出する際には、作成した書類のコピーをとっておき、税務署で控え用の受付印を押してもらいましょう。

開業届は国税庁のホームページからダウンロードが可能

青色申告のメリット

- 最高65万円の控除が受けられる
- 家族に対する給料を必要経費にできる（別途、届出が必要）
- 貸倒引当金が経費として認められる
- 赤字が出たら、翌年以後3年間にわたり、損失分を繰り越すことができる
- 減価償却の特例を受けられる

個人事業の開業届出・廃業届出等手続
URL http://www.nta.go.jp/tetsuzuki/shinsei/annai/shinkoku/annai/04.htm

ネットショップ開店の下準備

📁 スタッフを雇う場合に必要な書類

ネットショップの運営に従事するスタッフを雇う場合は「給与支払事務所等の開設・移転・廃止届出書」を提出する必要があります。また、その際「源泉所得税の納期の特例の承認に関する申請」を提出しておくと、源泉所得税を年に2回まとめて納付できるようになる特例措置が受けられます。

経理に必要な書類を管理する

確定申告を正しく行うためには、ネットショップの運営にかかった費用を証明する必要があります。もちろん、ネットショップのオープンまでにかかった費用も経費として計上することができます。備品の購入や有償のサービスを利用した際には、領収書を受け取る習慣を身に付けましょう。領収書や請求書はあとからも確認できるように、月ごとにファイルにまとめておくなどして整理しておきましょう。

また、現金の出入りをいちばん的確に把握できるのは、銀行の通帳です。ネットショップ用に開設した口座の通帳は、こまめに記帳するようにしましょう。

📁 お金の出入りに関連する書類は月ごとに分類して保管する

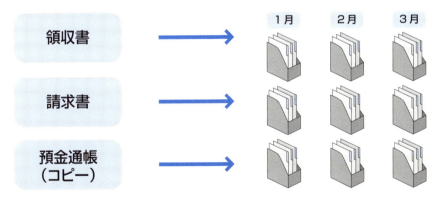

> **Memo** 収益は毎月しっかり管理しよう
>
> 受注や発送の業務に追われて、経理処理は確定申告が近づいてからあわててという人も多いかもしれません。収支を管理するために簡単でかまわないので、毎月、経費と売り上げをチェックする癖を付けましょう。

Section 17 ネットショップ下準備チェックシート

これまで説明してきた下準備を、チェックシートにまとめました。準備に漏れがないように、最後に1つずつ確認してみてください。チェック漏れがあった場合は、これまでの内容を見直して、チェックを入れられるように準備しましょう。

ショップ作りの前に下準備の確認

ネットショップ作りの下準備が整ったら、制作に取りかかる前に必要な項目が完了しているか下記のチェック項目から確認しましょう。

- ☐ 決済方法は決定しましたか。
    - ☐ 代引き
        - ☐ 配送業者は決定しましたか。
        - ☐ 配送業者との契約は完了していますか。
    - ☐ 振り込み
        - ☐ 銀行に振り込み用の口座を用意しましたか。
        - ☐ ゆうちょ銀行に振り込み用の口座を用意しましたか。
    - ☐ クレジットカード
        - ☐ クレジットカード決済代行会社は決定しましたか。
        - ☐ 使えるクレジットカード会社を把握しましたか。

- [ ] **電子マネー**
    - [ ] どの電子マネーを利用するか決定しましたか。
    - [ ] 使える電子マネーの手続きは完了していますか。

- [ ] **その他の決済方法**

- [ ] 配送方法は決定しましたか。
    - [ ] 最適な配送方法を理解していますか。
    - [ ] 配送業者は決定しましたか。
    - [ ] 配送業者との契約は完了していますか。
    - [ ] 配送用の資材の手配は済んでいますか。

- [ ] ネットショップの決済用の銀行口座を用意しましたか。

- [ ] ネットショップの名前は決めましたか。
    - [ ] ドメインと連動していますか。
    - [ ] 同じ名前のネットショップはありませんか。

- [ ] ドメインは決めましたか。
    - [ ] ドメインの重複チェックは済んでいますか。
    - [ ] ドメインの取得は済んでいますか。

- [ ] 税務署に開業届は提出しましたか。
- [ ] その他、必要な届け出は済んでいますか。

    ※早めに提出しましょう。

Column

コミュニケーション下手でも
ネットショップはうまくいく？

　しばしば、ネットショップセミナーの受講生の方から「会話って難しいねぇ」「人とコミュニケーションは苦手なんです」といった声が聞かれます。多くの企業が従業員にコミュニケーション能力を求めているといわれていますが、不得意に感じている方のほうが多いのではないでしょうか。受講者からコミュニケーションについて相談されたとき、私はこう答えるようにしています。

　「現実のコミュニケーションがうまくできない方は、ネットショップでも苦労します。でも、初めからコミュニケーション上手の人なんてそんなにいません。まずは、現実のコミュニケーションが上手に取れるように練習しましょう」

　インターネットで買いものをする顧客は、今や実店舗と同等かそれ以上の"おもてなし"を期待するようになりました。インターネットでの買いものが特別なことでなくなるにつれ「ネットだからしかたない」とあきらめることもなくなりました。実際に商品を手にとって確かめることのできないネットショップだからこそ、実店舗以上のおもてなしが求められ、従来よりも丁寧な接客が求められています。実店舗ならば言葉だけではなく、顧客の様子を実際に目で見て、雰囲気や表情から察して対応することができます。しかしネットショップでは、メールやチャットなど限られたデジタル情報しかありません。わずかな情報から顧客の様子を察するには、高度なコミュニケーション能力が必要になります。

　では、どうやってコミュニケーション能力を高めればよいのでしょう。第3章では「売れるショップに不可欠なストーリー作り」のプロセスを、現実を想定したワークショップで体験していただきます。このワークショップに取り組んでいけば、実店舗の売り上がアップし、次にネットショップの売り上げに伝播するはずです。そして、その中でコミュニケーション能力も向上していきます。まずは、現実のコミュニケーションから練習していきましょう。

第 **3** 章

顧客の要望を解決する
ストーリー作り

- ストーリーから作るページは何が違う? ……………………………… 54
- ストーリー作りの上手なショップを見てみよう ……………………… 58
- 実践① 顧客情報シートを記入しよう ………………………………… 60
- 実践② 商品情報シートを記入しよう ………………………………… 64
- 実践③ シナリオシートに記入しよう ………………………………… 70
- 実践④ シナリオまとめシートに記入しよう ………………………… 78
- シナリオまとめシートをもとに、商品ページを作ろう ……………… 84

Section 18 ストーリーから作るページは何が違う？

成功するネットショップに不可欠なのが、「ストーリー作り」です。ここでは、そもそもストーリーとは何なのか、どのようなところでストーリーが役立つのかを見ていきましょう。よくできたストーリーは、顧客の購入意欲を高めるだけでなく、ネットショップ全体の集客にもつながります。

実店舗もネットショップもすべきことの基本は同じ

　ネットショップであっても、実店舗であっても、顧客へのおもてなしの基本は変わりません。実店舗で話していた内容が、電子メール、ファックス、電話に変わるだけです。

　しかし、ネットショップでは、分からないことや困ったことがあっても、すぐに質問できません。さらに、ネットショップは実店舗と違い、1人1人に合わせて臨機応変に接客を変えることもできません。そのため、実店舗以上に顧客の想定を行いターゲットを絞り込み、どのような質問にも漏れがなく、また丁寧に対応できるしくみを綿密に作る必要があります。そこで役立つのがストーリーなのです。

実店舗での販売　　ネットショップでの販売

ネットショップでは、その場で店員に直接質問したり相談することはできない

顧客が商品を購入するまでのストーリー

ストーリーのイメージをもっと具体的につかむために、実際の店舗で商品を販売する流れを思い出してみましょう。お店に顧客が入ってきたら、容姿や服装から顧客の属性・タイプを判断します。何かに困っているようなら、顧客の話を聞いて目的を共有します。そして、「こんな商品がおすすめですよ」と目的に合った商品を提案し、商品の特徴やメリットを伝えます。顧客がその説明に納得し、心が動かされたら、商品の購入となるわけです。

この商品を販売する一連の流れが、「ストーリー」です。実は、日頃からなじみのあるテクニックなのです。

顧客が商品を購入するまでの流れ

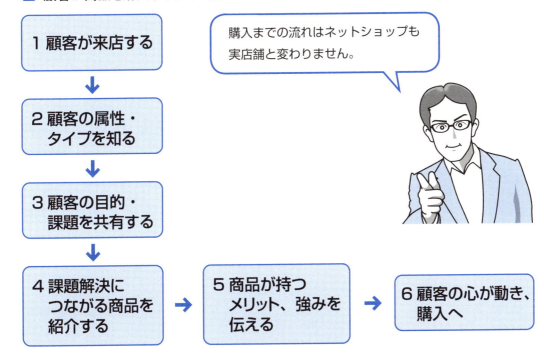

Q&A 実店舗で商品を売る流れは分かりましたが、それをどうやってストーリーにすればよいのか分かりません。

大丈夫です。これから行うワークショップで、無意識に使っていたストーリーを文章として明文化していきます。そのストーリーをネットショップに落とし込める形にするのが、この章の最終的な目標となります。

ストーリー作りに必要なもの

ストーリー作りといっても、難しく考えることはありません。「顧客情報シート」「商品情報シート」「シナリオシート」「シナリオまとめシート」に記入していけば、誰でも簡単に作ることができます。

次のSectionからは、これらをどう使っていけばよいのかを、具体的に紹介していきます。

ストーリー作りに使用する4つのシート

実践①「顧客情報シート」
実践②「商品情報シート」
実践③「シナリオシート」
実践④「シナリオまとめシート」

ECサイトでもストーリー重視に

これまでネットショップでは、顧客の疑問を解消したり不明な部分を極力減らすような丁寧な商品説明が重要と考えられてきました。さらに、現在では商品の活用法や、その商品を手にすることでどのような効果があるかなど、商品そのものの説明よりも商品にまつわるストーリーが重要になってきています。また、ストーリーを重視したコンテンツは、SNSでも共感を呼びやすいという点も重要なポイントです。コンテンツを軸に、ネットショップと顧客とがコミュニケーションを図るマーケティング方法をコンテンツマーケティングといい、近年注目されています。

Q&A ストーリーの作成でターゲットを絞ってしまって大丈夫？

ネットで自分のサイトに訪れる顧客を想定するとき、すべてのターゲットを網羅しようとすると、客層が幅広すぎ、それぞれの課題に応えることはできません。すべてに対応しようとどっち付かずの曖昧なものになってしまいます。ターゲットを絞り込めば、課題にピンポイントに応えることができます。ターゲットを絞るからこそストーリーを作成することができ、また、そのストーリーが共感を呼びやすいということが重要なのです。

ネットショップは集客が命はウソ？

銀座の一等地に店舗を構えても、それだけでは成功できないのと同じように、ネットショップも集客がうまくいったとからといって必ずしも成功できるわけではありません。顧客に「商品を購入する」というアクションを起こさせるには、ストーリーのあるセールストークが必要となります。

まずは集客よりもおもてなし

・おもてなしを徹底し、顧客に確実にお金を落としてもらう
・"ストーリー"が顧客を満足させる"おもてなし"を作る
・充実したもてなしには、自然とリピーターが集まってくる

集客といえばSEO、だが……

最初からSEOを意識する必要はありません。新規の集客SEO対策を施す前に、一見の方をたくさん集めるのではなく、同じ人に何度もきてもらい、最終的に購入につなげる――まずはそういったサイト作りに取り組んでいきましょう。また、リピーターは商品を購入してくれるだけでなく、クチコミで新しい顧客の開拓も行ってくれます。すなわち、ストーリーを生かしたショップ作りは、集客の面でも効果的なのです。

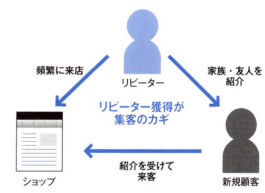

Memo　同じ人に何度もきてもらうことが成功への秘訣

ある旅行関連サイトでは、全取り引き中、最初の訪問時に成立する取り引きはわずか10%だという調査結果が公表されています。また、新規顧客獲得にかかる販促コストは、リピーターの3倍もコストがかかるといわれています。同じ人に何度もきてもらうことが、ネットショップにとっていかに重要であるかが分かります。

Section 19 ストーリー作りの上手なショップを見てみよう

ストーリー作りの上手なショップは、自然な形で顧客に「商品を購入する」というアクションを起こさせます。ここでは、ストーリー作りの上手なショップを見ていきます。ストーリーがどのように構成されているのか見てみましょう。

顧客を購入に誘導するストーリー

的確なストーリーがWebサイトの説明文やデザインに反映されているネットショップは、顧客の欲求に訴えかけ、顧客に課題・目的の解決策を提案することで、"購入"へと誘導します。

右で紹介している「Cafe Rico カフェリコ」は、実際にストーリー作りを学び、それを生かしたショップ作りを行っています。では、どのような商品紹介を行っているのか、実際に見ていきましょう。

カフェリコ
URL http://cafe-rico.com/index.html

ストーリーには商品の強みを入れ込む

「カフェリコ」は焼き菓子通販サイトです。商品の強みは、国産＆オーガニック素材を使っているため、スイーツなのにヘルシーであるという点です。右ページで紹介している「商品紹介」は、「商品情報シート」から浮かび上がった「ショップで扱う商品やサービスが同業他社より優れている点」、「顧客が抱えている悩みを、ケーキを購入することでどう解決することができるか」を上手に反映しています。

マフィンがおなかにいい理由。

1. レタス2.5コ分 食物繊維。
1日に必要な食物繊維の約1/3、レタス2.5コ分6gをマフィンひとつでとることができます。

2. 悪玉菌の親友 バターゼロ。
大腸の悪玉菌と結びついて、おなかで悪い働きをするバターは使わず、少量の菜種油を使っています。

3. 砂糖をひかえて 善玉菌アップ。
悪玉菌の栄養源となる砂糖は控えて、きび砂糖や人参、ドライフルーツの天然の甘みを生かしています。

4. センイもやわらか 消化ラクラク。
マフィンの素材は、おなかにやさしいものばかり。食物繊維も小さくしたり、しっとりと柔らかく仕上げています。

> 通常のマフィンよりも、からだによく、おなかにやさしい商品としておからマフィンをポイントを挙げて紹介しています。

こんなときにいいですよ♪

1. おなかがスッキリしないとき。
たっぷりの飲み物と一緒に食べると、食物繊維がおなかの中でふくらんで、腸の動きがスムーズに。
食物繊維は、善玉菌をふやして腸内環境もととのえます。

2. おなかがゴロゴロするとき。
おなかがゆるくても、消化がいいので安心です。バターゼロだから、腸を刺激する心配もありません。おからが腸のなかで水分を吸収してくれるのも、うれしいところ。

3. なんとなく食欲がないときに。
自然素材で作っているので、マフィンは優しい味と香り。食欲がなくても食べやすく、胃もたれの心配もありません。良質なたんぱく質や鉄分などのミネラルもとれるので、栄養補給にもぴったりです。

> 体調を気遣う場合や食欲がないときなど、どのようなシチュエーションに合うのか、提案しています。

スイーツ、がまんしていませんか？

おなかに不安のある方にも安心。
おなかにいいことを1番に考えたマフィンだから、おなかにトラブルがある方でも、安心して召し上がっていただけます。
材料も上質な国産おから小麦粉、平飼い有精卵など、安全なものを厳選しているのでご安心ください。

健康のため"大好きなスイーツをガマンしている方"や"妊婦さん"に、こころから"ティータイム"を楽しんでいただけるはず…。

大切な方に、
「幸せ時間、贈りませんか？」

> 健康を気遣ってスイーツを我慢しているような人に向け、からだによく安心して食べられることをアピールしています。

こだわりは美味しさと健康のベストバランス。

バツグンのおから量！
ふつうのおからマフィンに入っているおからは小麦粉に対して30〜40%。カフェリコは研究を重ね、70%以上も入れて、絶妙の美味しさの焼き上げに成功しました。

おからは食物繊維や良質たんぱく質、イソフラボンがたっぷり！スイーツで食べられたら、うれしいですよね♪

	パーフェクトマフィン	ふつうのおからマフィン
おから	71%	30〜40%
小麦粉	29%	60〜70%

おからを忘れる優しい香り
おからがたくさん入っていても、新鮮で上質な国産大豆が原料だから、おからのにおいはまったくしません。
きび砂糖やシナモンの甘い香りに包まれて、マフィンは優しーい香りです。

> 原材料とその比率を示し、通常のマフィンやおからマフィンと比較することで、商品の強みをアピールしています。

Section 20 実践①
顧客情報シートを記入しよう

ストーリーを作るために、まずは自分のショップに来店する顧客はどのような人物なのか、イメージすることから始めましょう。できるだけ具体的な人物像を描いてください。その際は、できるだけ優良な顧客をイメージすることがポイントです。

「1人」の顧客を具体的にイメージする

ターゲットを設定するというと、「30代男性」などというように、幅広い層をイメージしてしまいがちです。しかし、ターゲットを広げれば広げるほど、実店舗のようにすべての顧客の質問・要望に1つずつ対応することができず、接客が的確でなくなり、アバウトで曖昧になってしまいます。まずは「1人」の顧客を具体的にイメージしてみましょう。その際、役立つのが顧客情報シートです。書き出していくことによって、ターゲットの仕事、趣味、結婚の有無、性格など、細かなプロフィールを洗い出すことができます。

優良顧客をターゲットにする

最初のターゲットは、優良顧客から選びましょう。優良顧客の定義を「売り上げに貢献する人」とすると、以下の顧客に求める3要素を満たしていることが大切です。もし実店舗を持っているなら、実際の顧客の中から候補者を探してみてもよいでしょう。これらを意識して、P.62の顧客情報シートに記入してみましょう。P.61では顧客情報シートの記入例を用意しています。すべての項目が書き終わったら、見比べてみましょう。

優良顧客「売り上げに貢献する顧客に求める3要素」

- 購買金額の高い顧客
- リピーターとなってくれる顧客
- 紹介・クチコミをしてくれる顧客

📝 **顧客情報シート記入例**

顧客情報　お名前（　　　小宮山　花子　　　）

顧客に求める3要素
1. 購買金額の高い顧客　2. リピーターとなってくれる顧客　3. 紹介・クチコミをしてくれる顧客

1:（小宮山　花子）様に販売する商品やサービスとそのキャッチコピー

商品・サービス名	森の電葉時計　12角	単価
URL	http://www.depot-net.com/fs/depot/craftclocks/0504010140	
キャッチコピー	森の中にいる気分　自動的に時刻を修正　森の電葉時計	24,840 円

2: 年齢（52）歳　　　3: 性別　☐男　☑女

4: 血液型　☑A型　☐B型　☐O型　☐AB型

5: 未既婚　☐独身　☑既婚　　6: 子供　☐無　☑有（2）人

7: 現住所　☑関東（　神奈川　）　☐関東以外（　　　　県）

8: 年収　☐〜100万　☐〜300万　☐〜500万　☐〜1,000万　☐〜1,500万

9: 職業（1つ）
☐IT関係　☐事務系　☐技術系　☐営業・企画系
☐クリエーター系　☐販売系　☐サービス業　☐ガテン系
☐役員・管理職　☐専門職　☐公務員　☐教員　☑自営業
☐アーティスト　☐フリーター　☐大学生・院生　☐専門学校生
☐主婦　☐求職中　☐その他（　　　　）

10: 性格（複数可）
☑寂しがり　☐意地っ張り　☐やんちゃ　☐勇敢　☑図太い
☐脳天気　☐呑気　☐控えめ　☐おっとり　☐うっかりや
☐冷静　☐穏やか　☐大人しい　☐慎重　☐生意気　☐臆病
☑せっかち　☑陽気　☐無邪気　☐照れ屋　☐頑張りや　☐素直
☐気まぐれ　☐真面目　☐その他（　　　　）

11: 趣味・関心事（複数可）
☐映画鑑賞　☐スポーツ　☐ゲーム　☐音楽鑑賞　☐カラオケ・バンド
☐料理　☐グルメ　☐お酒　☐ショッピング　☐ファッション　☑アウトドア
☐ドライブ　☐旅行　☐アート　☐美容・ダイエット　☐語学　☐読書
☐マンガ　☐テレビ　☐スポーツ観戦　☐Internet　☐ギャンブル
☐ペット　☐習いごと　☐その他（　　　　）

12: タイプ（複数可）
☐「あなたの商品・サービスをぜひ売ってください」とお願いしてまで買うタイプ
☑セールスされなくても、買うタイプ
☐セールスマンから説明を受けて買うタイプ
☐いつかは買うタイプ
☐ほかの店に浮気しちゃうかもしれないタイプ

13: 読んでる雑誌　（　　　　　　　　　ミセス　　　　　　　　　　　）

14: 好きな芸能人　（　　　　　　　　　高倉健　　　　　　　　　　　）

15: シーン　（お客様は、ショッピングモール内でウィンドウショッピングを楽しんでいます。そして色々な商品を見比べて、何か良いモノがないか物色しています。）

3　顧客の要望を解決するストーリー作り

🛒 顧客情報シート

顧客情報　お名前（　　　　　　　　　　　）

顧客に求める3要素
1. 購買金額の高い顧客　2. リピーターとなってくれる顧客　3. 紹介・クチコミをしてくれる顧客

1:（　　　　　　）様に販売する商品やサービスとそのキャッチコピー

商品・サービス名		単価	
URL			
キャッチコピー			

2: 年齢　（　　）歳　　　　3: 性別　□男　□女

4: 血液型　□A型　□B型　□O型　□AB型

5: 未既婚　□独身　□既婚　　6: 子供　□無　□有（　　）人

7: 現住所　□関東（　　　　　　）　□関東以外（　　　　　県）

8: 年収　□〜100万　□〜300万　□〜500万　□〜1,000万　□〜1,500万

9: 職業　□IT関係　□事務系　□技術系　□営業・企画系
（1つ）　□クリエーター系　□販売系　□サービス業　□ガテン系
　　　　□役員・管理職　□専門職　□公務員　□教員　□自営業
　　　　□アーティスト　□フリーター　□大学生・院生　□専門学校生
　　　　□主婦　□求職中　□その他（　　　　　　　）

10: 性格　□寂しがり　□意地っ張り　□やんちゃ　□勇敢　□図太い
（複数可）□脳天気　□呑気　□控えめ　□おっとり　□うっかりや
　　　　□冷静　□穏やか　□大人しい　□慎重　□生意気　□臆病
　　　　□せっかち　□陽気　□無邪気　□照れ屋　□頑張りや　□素直
　　　　□気まぐれ　□真面目　□その他（　　　　　　　）

11: 趣味・　□映画鑑賞　□スポーツ　□ゲーム　□音楽鑑賞　□カラオケ・バンド
　関心事　□料理　□グルメ　□お酒　□ショッピング　□ファッション　□アウトドア
（複数可）□ドライブ　□旅行　□アート　□美容・ダイエット　□語学　□読書
　　　　□マンガ　□テレビ　□スポーツ観戦　□Internet　□ギャンブル
　　　　□ペット　□習いごと　□その他（　　　　　　　）

12: タイプ　□「あなたの商品・サービスをぜひ売ってください」とお願いしてまで買うタイプ
（複数可）□セールスされなくても、買うタイプ
　　　　□セールスマンから説明を受けて買うタイプ
　　　　□いつかは買うタイプ
　　　　□ほかの店に浮気しちゃうかもしれないタイプ

13: 読んでる雑誌　（　　　　　　　　　　　　　　　　　　　　　　　）

14: 好きな芸能人　（　　　　　　　　　　　　　　　　　　　　　　　）

15: シーン　（　　　　　　　　　　　　　　　　　　　　　　　　　）

3　顧客の要望を解決するストーリー作り

顧客情報シートを書くことで何が分かる？

　顧客情報シートは書き上がりましたか？　今までぼんやりしていたターゲットのイメージがずいぶん具体的になってきたかと思います。イメージが浮かんでくれば、具体的にこう売ろう、ああアピールしようといった提案も可能になります。具体的なアプローチをしたほうが、商品を購入してもらえる確率は高くなるのです。

🛒 ストーリーが作りやすい

　具体的なイメージがあると、その人物と会話するようにストーリーを作っていくことができます。ターゲットに合わせたストーリーなので、考えられる1人のターゲットの課題（目的・問題・悩み）にすべて具体的に、商品やサービスの訴求点を分かりやすく伝えることができます。

🛒 迷ったときの指針となりやすい

　ネットショップを続けていくうちに、ときにはどう顧客に提案をすればよいか？　顧客からの考えられる課題（目的・問題・悩み）は何か？　迷うこともあります。そんなとき、具体的にターゲットを設定しておくと、判断にブレがなくなります。「あの人に喜ばれるにはどうしたらよいのだろう」と考えるのです。

Memo　顧客情報シートを書くときのコツ

ターゲットをより具体的にイメージするためには、顧客の名前を考えることが大切です。それは、名前＝その人の属性をイメージさせる重要な鍵となるからです。反対に名なしでは、イメージがぼやけてしまいます。すでに顧客名簿があるならば、実在の顧客から3要素に該当する優良顧客1人を選びましょう。

Section 21 実践② 商品情報シートを記入しよう

「顧客情報シート」の次は「商品情報シート」を記入していきます。ここでは、販売する商品やサービスのキャッチコピー、強みを考えてください。また顧客の抱えるさまざまな課題を想定し、どうすれば解決できるか考えましょう。

キャッチコピーを書くときのポイント

キャッチコピーには、あなたの扱う商品やサービスが同業他社より優れている点を入れるようにしてください。その際、その商品に興味がなかったにも関わらず、つい関心を持ってしまうようないい回しをすることが大切です。アイデアが出てこないときには、キーワードからキャッチコピーを作成してくれるWebサービスなどを試してみるのもよいでしょう。目先が変わって、おもしろいいい回しからアイディアが生まれるかもしれません。

コピーメカ/キャッチコピー自動作成サイト
URL http://www.copymecha.com/

同業他社より優れている点は？

商品やサービスの強みを出すときのコツ

・同業他社と比較してみよう
・数字を入れ込んでみよう
・購入者からの評価を参考に

あなたが販売する商品にはどのような特徴があるでしょうか？ ショップで扱う商品やサービスが同業他社より優れている点を10個以上書き出してください。短い文章、単語でかまいません。顧客がメリットを直感的に理解できるように、具体的に表現しましょう。では、実際に次ページの商品情報シートに、商品の特徴を記入してみましょう。

3 顧客の要望を解決するストーリー作り

商品情報シート1 記入例

商品・サービス名 （　森の電葉時計　12角　）

（　小宮山　花子　）様に販売する商品やサービスとそのキャッチコピー

1.	URL	http://www.depot-net.com/fs/depot/craftclocks/0504010140
2.	キャッチコピー	森の中にいる気分　自動的に時刻を修正　森の電葉時計
	商品単価	24,840 円

3. 商品やサービスの強みを単語で10個以上記入（同業他社より優れている点は?）

自然素材使用	信頼性の高い日本のムーブメント	電池を入れるだけで自動で時刻合わせ	10万年に一秒の誤差
技術	木製針	黒　ウォールナット	電波時計昨日 OFF 可
長針カリン	葉　ブナ	手づくり	1年間保証
地震安心アクリル板	シチズン　リズム時計	あたたかさ	補償後修理可

商品情報シート1

商品・サービス名 （　　　　　　　　　　　　　）

（　　　　　　）様に販売する商品やサービスとそのキャッチコピー

1.	URL	
2.	キャッチコピー	
	商品単価	

3. 商品やサービスの強みを単語で10個以上記入（同業他社より優れている点は?）

3 顧客の要望を解決するストーリー作り

顧客の課題（目的・問題・悩み）を解決するストーリーを提案しよう

　購入意思の高い顧客は、恋人にプレゼントしたい、おいしいものを食べたい、寝付きが悪いなど、**何か目的や解決したい悩みを持ってあなたのショップにきたと考えられます。その目的や悩みがどのようなものなのかを考え、商品情報シート2、3に記入してみましょう**。また、そうした顧客の課題をショップで扱う商品でどう解決できるかも、あわせて提案してみましょう。

　たとえば、部屋に木で作られた時計をかざることで、忙しい中でも自然の豊かさに触れることができ、またそのナチュラル感によって癒される、という解決方法はどうでしょうか。もし、どうしても課題や解決方法が見つからない場合は、「レビュー」や「クチコミ」を参考にしてみるとよいでしょう。

商品情報シート2

Q4.（小宮山 花子）様が、かかえる課題（目的・問題・悩み）を3つ以上あげると？

ヒント）　怒りを解消したい、不満を解消したい、不安・心配を解消したい、悲しみから逃れたい
恐怖から逃れたい、恥ずかしさを感じたくない、ねたみを解消したい、孤独から逃れたい
ロマンを感じたい、愛情を手に入れたい、安心したい、満足したい、喜びたい、興奮したい

「ものが売れる6つの要素」①退屈さ②寂しさ③肉体的な痛み④健康喪失の恐れ⑤金銭的なストレス⑥虚しさ

①	仕事が忙しく　最近疲れやすい
②	山登り好きだが　最近は自然に触れることが無く機会と仕事をすることが多い
③	電波時計が自分の家で正確に作動するか
④	新築した自分の家に合うインテリアを見つけたい
⑤	壊れた時計を直したり、時間を合わせる余裕がない

A4.（　　　　）様が、かかえる課題（目的・問題・悩み）を3つ以上あげると？

ヒント）　怒りを解消したい、不満を解消したい、不安・心配を解消したい、悲しみから逃れたい
恐怖から逃れたい、恥ずかしさを感じたくない、ねたみを解消したい、孤独から逃れたい
ロマンを感じたい、愛情を手に入れたい、安心したい、満足したい、喜びたい、興奮したい

「ものが売れる6つの要素」①退屈さ②寂しさ③肉体的な痛み④健康喪失の恐れ⑤金銭的なストレス⑥虚しさ

①	
②	
③	
④	
⑤	

3　顧客の要望を解決するストーリー作り

顧客の課題発見のコツは"お客様の声"にあり

「顧客の悩みがどうも思い付かない」——そんなときはショッピングモールの「レビュー」を見てみましょう。そこから、参考となる言葉をピックアップするのです。顧客の感想からは顧客の抱える「問題」や「悩み」が発見でき、

価格.com - クチコミ・レビュー
URL http://bbs.kakaku.com/bbs/
【楽天市場】みんなのレビュー・口コミ
URL http://review.rakuten.co.jp/
Yahoo!知恵袋
URL http://chiebukuro.yahoo.co.jp/

その答えも一緒に得られる宝の山です。「レビュー」のほかに、質問サイトでも顧客の課題（目的・問題・悩み）を発見することができます。

商品情報シート3

Q5.（小宮山 花子）様が、商品やサービスを購入することで課題（目的・問題・悩み）の解決方法？

※Q4の課題（目的・問題・悩み）に対する解決方法を記入します。Q&Aとして考えましょう。

ヒント）あなたは○○することができる。あなたは○○を知ることができる。あなたは○○という悩みを解決できる。	
①	手づくりの温かみのある木製品で癒されることができる
②	部屋にこの時計を飾ることで、森にいるようなナチュラル感が味うことができる
③	10万年に1秒の誤差の正確さで安心できる
④	丁寧に作られた木製の時計はインテリアのようにナチュラル系のお部屋にぴったり喜びを得ることができる
⑤	国産ムーブメントで、修理も可能、壊れても安心できる

A5.（　　　）様が、商品やサービスを購入することで課題（目的・問題・悩み）の解決方法？

※Q4の課題（目的・問題・悩み）に対する解決方法を記入します。Q&Aとして考えましょう。

ヒント）あなたは○○することができる。あなたは○○を知ることができる。あなたは○○という悩みを解決できる。	
①	
②	
③	
④	
⑤	

顧客のコメントから得られる効果

　商品情報シートの最後には、これまでに商品を購入した顧客からいただいたコメント（レビュー）や受賞歴、認証などの第三者評価を書いておきます。顧客のコメントには、購入を決定した理由や、実際に使った使用感などがあります。これらを活用すれば、顧客の不安を解消するような商品説明や、実際の使用感を伝え、顧客の問題を解決できる商品か判断してもらうことができます。

顧客のコメントを活かそう

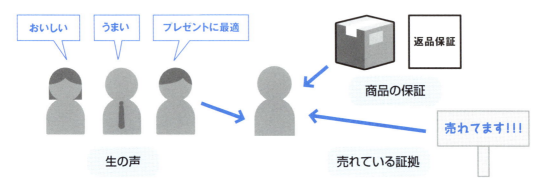

商品情報シート4 記入例

6: すでに購入いただいた顧客からの評価やコメントは？

①	電池がセットされていました。音もなく静かです。
②	熨斗とラッピングができるということでしたので、お願いしたところ大変喜ばれました。
③	母の周りでも評判が良いようで、昨日もう1つ購入の依頼がありました。
④	地元ではこういったシンプルで可愛い時計がなかなか見つからないのでよかったです。
⑤	以前母に頼まれて購入したのですが、家に飾ってあるのを見た母の友人に頼まれて一回り小さいサイズをプレゼント用として購入しました。

お客様の声をご紹介。

ボリュームと美味しさに大満足
すごく食べごたえのあるおからマフィンでした。ドライフルーツがごろごろ入っていて、満腹になるし美味しいし、幸せでした。おなかもスッキリして、ダイエット中の私は大満足。買う前はおからマフィンにしては少し高いと思ったんですけど、食べてみて納得！ 逆に得した気分です。だってこんなこだわり材料のお菓子は食べたこと無いですから
・・・愛知県　A様

毎朝1/2コのおからマフィンで快腸をキープ!!
初めてパーフェクトマフィンを食べた翌朝、驚愕の便通があり、以来ほぼ毎日、おからマフィンを主人と半分ずつ朝ごはんに食べています。
おかげで便秘ぎみだった私が、おなかを快調にキープ。これは感動ものです。
・・・神奈川県　N様

売れているという実績や、購入した顧客からの生の声、商品の品質保証といったところがしっかりしていると伝えることで、顧客を安心させましょう。商品を購入する段階において、安心・信頼は顧客への重要なアピールポイントになります。

📄 商品情報シート4

6: すでに購入いただいた顧客からの評価やコメントは？

①	
②	
③	
④	
⑤	

Section 22 実践③ シナリオシートに記入しよう

ショップの売り上げはセールストークが左右します。ここでは、Sec.20、Sec.21で作成した「顧客情報シート」「商品情報シート」をもとに、シナリオシートに記入します。ロールプレイを行うポイントや、注意点なども確認しておきましょう。

ロールプレイをしてみよう

ここからはロールプレイを行って、シナリオシートを記入していきます。**ロールプレイとは、想定したある場面で、それぞれが決められた役割を演じることをいいます**。これまで「顧客情報シート」「商品情報シート」で作ってきた情報をもとに、顧客役に実際にセールストークをしてみましょう。

ロールプレイでは役割に徹する

ロールプレイで重要なことは、**それぞれの役割になりきってしっかりと演じること**です。役割演技（ロールプレイ）とは、現実に起こる場面を想定して、複数の人がそれぞれ役を演じて疑似体験しておき、実際にその事象が起こったときに適切に対応できるようにするための学習方法です。このロールプレイを行ったときのセールストークがストーリーとなるので、お互いの役割に徹し、真剣に取り組みましょう。

店員役は「商品情報シート」、顧客役は「顧客情報シート」の情報をもとにロールプレイを行う

3　顧客の要望を解決するストーリー作り

ロールプレイを行う際の注意点

顧客役は、もし可能ならば、なるべく顧客情報シートに記入した人が理想です。それ以外の場合では、同じ会社の人は避けるようにしましょう。同じ商品知識を持っている人だと、自分で情報を補完してしまうので、どうしても顧客のリアルな反応を得るのが難しくなってしまいます。むしろ、仕事に関連のない、家族や親戚、友人のほうが適任です。

店員役と顧客役にわかれてロールプレイを

ロールプレイは、店員と顧客の役にわかれて行います。ネットショップを運営する方が店員を担当します。想定する場面はショッピングモールです。

店員役は、あるショッピングモールのテナントに勤務しているという設定です。ショップに来店した顧客に、自慢の商品をおすすめしてください。一方、顧客役はモール内でウィンドウショッピングを楽しんでいるという設定です。何かよい商品がないか、探しています。

シートどおりの進行でまずは慣れる

ロールプレイを行う際は、以下の2つの点に注意してください。

1つ目は、顧客役は「顧客情報シート」に描かれたとおりの顧客像を演じることです。2つ目は、始めの数回はひな形に描かれているとおり、アドリブを入れずに会話を進めることです。

顧客が商品を買ってくれるのが最終的な目的となるので、顧客役は最後の質問を「それじゃ、これ、ください」で終えるようにしましょう。また、ロールプレイを終えたら、すべてのチェックポイントを埋めるまでくり返しましょう。

> **Memo** 想定する場面は、ネットショップではなくショッピングモールでやりましょう。

インターネットでショッピングする場面といっても、具体的なイメージを思い浮かべるのは難しいと思います。ではショッピングモールではどうでしょう？「興味がないとすぐほかのお店にいってしまう」「ほかのお店とシビアに値段を比べられる」――実はこういった特徴はネットショッピング利用者にも当てはまります。そうした顧客に対し、どのように商品をアピールするか。その点をリアルに感じ取ってもらうために、ロールプレイのシチュエーションを「ショッピングモール」と設定しているのです。

抽象的な表現を指摘しよう

ロールプレイに慣れてきたら、顧客役は店員役の台詞から抽象的表現（具体性に欠ける表現）を指摘するようにしましょう。あいまいな表現や感覚的な表現を、できるだけ数値や比較するなどして具体的な表現に直すようにします。インターネット上では、どちらとも取れるあいまいな表現は、すべて悪いほうに取られる、という前提で考えましょう。

具体的な表現に変更する方法

① 数値化する

甘い　→　糖度 20.8 度です。

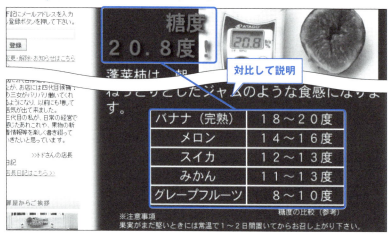

数値だけでは伝わりにくい場合は、対比で説明する

② 実例を挙げる

癒される　→　過去の購入者の実体験使用した声 など

抽象的な表現の例

> 旬の　季節の　本日の　甘い　直ちに　速やかに　魅力
> 静かな　落ち着いた　普段　自信のある　安らぎ　安らげる
> さまざまな　安い　絶対に　完全に　まったく　ひどい

ロールプレイをストーリーに落とし込もう

　ロールプレイを何度かやり終えたら、やりとりの内容を二人でシナリオシートに記入してみましょう。その際は、顧客役からの質問やフィードバックにも、きちんと応えている台詞にしなければなりません。できあがった文章が、あなたのショップの"ストーリー"です。実店舗を持っているなら、営業トークのマニュアルとしても活用できます。

ロールプレイをシナリオシートに反映させよう

　最終段階では、ロールプレイで出てきたセールストークをシナリオシートに落とし込み、シナリオシートを完成させる作業を行います。二人で相談しながら、ロールプレイでどのようなことを話したか書き起こしていきましょう。また、その際下記のチェック項目に照らし合わせ、記入したシナリオシートをチェックしましょう。

　顧客役からは、自分では思ってもみなかったことを指摘されることもあるでしょう。正直に感想をいわれることこそが、成功への近道です。感想や指摘は黙って聞き、顧客役を説得できる台詞を考えましょう。

　こうしてできあがった一連の文章が、あなたのショップのストーリーとなります。このストーリーはWebサイトと、商品紹介・キャッチコピーのもととなるものですので、顧客役が心から買いたく（問い合わせたくなる）なるまでロールプレイをくり返してください。

顧客役のロールプレイ時のフィードバック項目

1. 買いたくなった言葉やフレーズ
2. もっと詳しく聞きたかった説明
3. 抽象的表現

顧客からの質問は大切な"気付き"の場。しっかりとフィードバックをもらう

📥 シナリオシート記入例

顧客の台詞	店員の台詞
①お客様がお店に入ってきました。初めから目的の商品(サービス)を探している訳ではないようです。そしてあなたの自慢の商品(サービス)の前で足を止めて、商品に目がいきました。	こちらの商品は、信州から来たKICORIというメーカーの時計なんですよ。一つ一つ手作りで作られている森の電波時計です。
③「これってどんな商品(サービス)なんですか?」	これは美しい木目の国産「カラ松」を使用しています。主材は信州の「カラ松」です。木目が美しく、優しい木肌の針葉樹です。カラ松の特徴は、はっきりとした美しい木目と触れても温かい木肌、それゆえ加工が難しく、木目に合わせた加工を調整しなければなりません。そんな国産材を洗練されたデザインにKICORIがしあげました。
⑤「これは、どんなときに必要なんだろう?」	リビングを自然の癒し空間にいかがでしょうか？リビングでは、角張らない形と、自然木のお色が優しい雰囲気を作ります。無機質なオフィスも無垢の木たっぷりの存在感で癒しの空間に変わりますよ。
⑦「買ってもよいけど、他店でも同じようなのを見かけたことがあるなぁ」	他のお店にも木を使った時計はあると思いますが、このような国産の木を手作りで美しい文字盤・針の時計に仕上げたものは少ないと思います。KICORIの時計の特徴の一つは文字盤が見やすいことです。お子様やご高齢者の方でも見やすいよう、はっきりとした分かりやすい字体で書かれています。長針は国産カリン。短針はウォールナット。秒針の木の葉は国産のブナ。針まで木で作るのはとても技術のいることで、この薄さで反らないように木を細工するのはとてもむずかしいことなんです。針の厚みはなんと約1〜2mm。職人技術が光ります。それぞれの木が持つ、自然の美しい色合いそのままのハーモニーをお楽しみいただけますよ。
⑨「買いたくなったけど、この商品(サービス)、買っても安心かな?」	単3電池1本でご使用いただけます。裏には壁掛け用の穴も空いているので、ご自分で空ける手間も必要ありません。また、仕上げは天然由来の塗料を使用しています。植物油から作られた自然塗料を使用することで、自然のままの木肌を伝え、人体や環境への負荷を減らしています。他のお店にも木を使った時計はあると思いますが、このような国産の木を使い丁寧に手作りで時計に仕上げたものはKICORIだけの技術です！既にご購入いただいたお客様からのご感想を一部ご紹介いたします。「部屋の木目を基調とした雰囲気にぴったりと、たいへん喜んでいただいています。」「電波式でこれだけの時計はなかなか見かけないです。」「木の質感がしっかりしていて（でも軽い）です。」
⑪「即決はしないで、もう少し他店を見てから買ってみようかな?」	時計は毎日何度も見るものなので、良いもの・丁寧に作られたものを選びたいですね。一つ一つ手作りで作られたKICORIの時計は眺めるだけで「ほっ」としますよ。またキコリ製品は、万が一故障した場合でも修理が可能です。長くお使いいただき、木の風合いの変化をお楽しみください。お買上げより1年以内の自然故障・不具合は、無償修理・調整いたします。お買上げより1年以上経った製品の故障や、あやまって落とされた等の場合でも有償修理・調整が可能です。お電話にて、時計の状態を確認させて頂きますが、その際に、お見積り、修理期間などの詳細をご説明させていただきます。お気軽にお問い合わせくださいませ。
⑭「それじゃ、これください。」	

3 顧客の要望を解決するストーリー作り

ポイント

- ☑ キャッチコピーは、伝わったか?
- ☑ はっとして商品(サービス)に興味が沸いてきたか?
- ☑ もっと商品(サービス)について知りたくなったか?

- ☑ 何かよいかもと思ってもらえたか?
- ☑ あるとよいなと思ってもらえたか?
- ☑ 商品やサービスの強みをアピールできたか?

- ☑ 興味ある商品(サービス)から 課題(目的・問題・悩み)も解決できたか?
- ☑ ほしい商品(サービス)から必要な商品(サービス) へ気持ちが変わったか?

- ☑ このお店で買ってもよいかもと思われたか?
- ☑ 価格以上の価値は伝わったか?
- ☑ この商品の同業他社との違いは伝わったか?
- ☑ あなた(店員)の熱い想いは伝わったか?
- ☑ 制作者(生産地)の熱い想いは伝わったか?
- ☑ このお店で売れている事実は伝わったか?
- ☑ この商品の確かなスペックは伝わったか?

- ☑ この商品(サービス)を買っても安心に思ってくれたか?
- ☑ すでに買った顧客の声は伝わったか?
- ☑ この商品(サービス)が売れている事実は伝わったか?
- ☑ 買ったあとの不安要素は解消されたか?(返品など)

- ☑ 在庫が少ない
- ☑ 期間限定
- ☑ 値上げ予定
- ☑ 限定品
- ☑ おまけ
- ☑ ポイント増量
- ☑ アフターサービス
- ☑ 今だけ割引
- ☑ だめ押しのセリフ
- ☑ 課題(目的・問題・悩み)を解決するセリフ

📋 シナリオシート

顧客の台詞	店員の台詞
①お客様がお店に入ってきました。初めから目的の商品（サービス）を探している訳ではないようです。そしてあなたの自慢の商品（サービス）の前で足を止めて、商品に目がいきました。	②「お客様、これは○○なんですよ!」
③「これってどんな商品（サービス）なんですか?」	④「これは、○○な特徴があります」 （参考）「商品情報」質問3（P.65）
⑤「これは、どんなときに必要なんだろう?」	⑥（参考）「商品情報」質問4，5（P.66～67）
⑦「買ってもよいけど、他店でも同じようなのを見かけたことがあるなぁ」	⑧「○○は、ほかのお店とは○○○が違うんですよ!」 （参考）「商品情報」質問3（P.65）
⑨「買いたくなったけど、この商品（サービス）、買っても安心かな?」	⑩「○○は、買ったあとも、こんなに安心です。」 （参考）「商品情報」質問6（P.69）
⑪「即決はしないで、もう少し他店を見てから買ってみようかな?」	⑫「○○は、こんな理由で今が買いどきですよ。」 ⑬「お客様には○○が○○になりますよ。」
⑭「それじゃ、これください。」	

3 顧客の要望を解決するストーリー作り

ポイント
☐ キャッチコピーは、伝わったか? ☐ はっとして商品(サービス)に興味が沸いてきたか? ☐ もっと商品(サービス)について知りたくなったか?
☐ 何かよいかもと思ってもらえたか? ☐ あるとよいなと思ってもらえたか? ☐ 商品やサービスの強みをアピールできたか?
☐ 興味ある商品(サービス)から　課題(目的・問題・悩み)も解決できたか? ☐ ほしい商品(サービス)から必要な商品(サービス)　へ気持ちが変わったか?
☐ このお店で買ってもよいかもと思われたか? ☐ 価格以上の価値は伝わったか? ☐ この商品の同業他社との違いは伝わったか? ☐ あなた(店員)の熱い想いは伝わったか? ☐ 制作者(生産地)の熱い想いは伝わったか? ☐ このお店で売れている事実は伝わったか? ☐ この商品の確かなスペックは伝わったか?
☐ この商品(サービス)を買っても安心に思ってくれたか? ☐ すでに買った顧客の声は伝わったか? ☐ この商品(サービス)が売れている事実は伝わったか? ☐ 買ったあとの不安要素は解消されたか?(返品など)
☐ 在庫が少ない ☐ 期間限定 ☐ 値上げ予定 ☐ 限定品 ☐ おまけ ☐ ポイント増量 ☐ アフターサービス ☐ 今だけ割引 ☐ だめ押しのセリフ ☐ 課題(目的・問題・悩み)を解決するセリフ

Section 23 実践④ シナリオまとめシートに記入しよう

完成したシナリオシートの内容を、実際の商品ページで使えるようにシナリオまとめシートにまとめましょう。まとめた内容をもとに見出しを作れば、商品ページに掲載する見出しとコンテンツの準備が完了します。

作成したストーリーをまとめてコンテンツに

ロールプレイでのやりとりの内容を文章化したもの＝ストーリーです。しかし、これは店員と顧客との会話のため、このまま商品の紹介文として使うことはできません。実際に商品を販売する際は、シナリオシートの店員役の台詞をまとめ、商品ページに掲載する文章へと書き換えていきます。ポイントを一文ごとにまとめた「シナリオまとめシート」を作成してみましょう。

各コンテンツに見出しを付ける

商品ページ内の文章には、必ず見出しが付きます。見出しとは、本文の内容を簡潔に説明したタイトルのことです。シナリオまとめシートをもとにすれば、主に「キャッチコピー」「商品の特徴」「課題解決」「他店との違い」「だめ押しのひと言」の5つにわけられます。見出しは、セクション全体の内容が分かるものを付けてください。ただし、長すぎると目を引きません。短く簡潔にまとめましょう。

見出しの立て方の例（森の電波時計の場合）

セクション	見出し作成例
キャッチコピー	信州KICORI 一つ一つ手作り　森の電波時計
商品の特徴	美しい木目の国産「カラ松」を使用
課題解決	リビングが自然の癒し空間に。。。
他店との違い	美しい文字盤・針 使用には単三電池1本。 KICORIだけの技術です！
だめ押しのひと言	時計は毎日何度も見るものだから… 安心! kicoriのアフターサービス

シナリオまとめシートをもとにした、商品ページの構成とレイアウト

　商品ページの構成は、画像・見出し・本文（コンテンツ）という3つの要素からなります。シナリオまとめシートを作成することで、商品ページに必要な見出しと本文（コンテンツ）を作成できるのです。あとは画像を用意し、本文や見出しを調節すれば商品ページが完成します。

　商品ページを作る際に注意することは、写真やイラスト、文字をきちんと左揃えにすることです。そして、文章や見出しが写真の横幅を超えないように心がけましょう。さらに、写真やイラストは、1行に1枚配置することによって、スマートフォンにも対応できます。ただし、とくに画像の内容をアピールする必要がない、イメージ写真のような画像なら、2枚までなら配置してしまっても問題ありません。

📁 きれいな商品ページにするには

- イラスト・写真・グラフを多用する
- 写真は1行に1枚を配置する
- 文字は左寄せに配置する

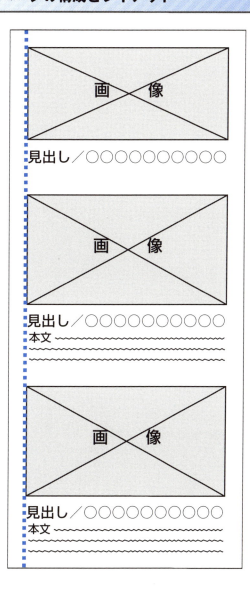

Q&A　ストーリーが長くなってしまっても大丈夫でしょうか？

ターゲットを定めたストーリーと、箇条書きにまとめたレイアウトで仕上げれば、長いストーリーでも大丈夫です。顧客は新聞や雑誌の様に見出しから必要なところから読み進めてくれます。またクロージング（購入はこちら）バナーを、ストーリーに数か所設置すると、ページ途中でもカゴへジャンプして購入しやすくなります。また、ラフは無理して1枚の紙に収める必要はありません。1枚の紙で書き切れないのであれば、2枚目3枚目に続きを書いていきましょう。

📋 シナリオシート記入例

顧客の台詞	店員の台詞
①お客様がお店に入ってきました。初めから目的の商品（サービス）を探している訳ではないようです。そしてあなたの自慢の商品（サービス）の前で足を止めて、商品に目がいきました。	②こちらの商品は、信州から来たKICORIというメーカーの時計なんですよ。一つ一つ手作りで作られている森の電波時計です。
③「これってどんな商品（サービス）なんですか？」	④これは美しい木目の国産「カラ松」を使用しています。主材は信州の「カラ松」です。木目が美しく、優しい木肌の針葉樹です。カラ松の特徴は、はっきりとした美しい木目と触れても温かい木肌、それゆえ加工が難しく、木目に合わせた加工を調整しなければなりません。そんな国産材を洗練されたデザインにKICORIがしあげました。
⑤「これは、どんなときに必要なんだろう？」	⑥リビングを自然の癒し空間にいかがでしょうか？リビングでは、角張らない形と、自然木のお色が優しい雰囲気を作ります。無機質なオフィスも無垢の木たっぷりの存在感で癒しの空間に変わりますよ。
⑦「買ってもよいけど、他店でも同じようなのを見かけたことがあるなぁ」	⑧他のお店にも木を使った時計はあると思いますが、このような国産の木を手作りで美しい文字盤・針の時計に仕上げたものは少ないと思います。KICORIの時計の特徴の一つは文字盤が見やすいことです。お子様やご高齢者の方でも見やすいよう、はっきりとした分かりやすい字体で書かれています。長針は国産カリン。短針はウォールナット。秒針の木の葉は国産のブナ、針まで木で作るのはとても技術のいることで、この薄さで反らないように木を細工するのはとてもむずかしいことなんです。針の厚みはなんと約1〜2mm。職人技術が光ります。それぞれの木が持つ、自然の美しい色合いそのままのハーモニーをお楽しみいただけますよ。
⑨「買いたくなったけど、この商品（サービス）、買っても安心かな？」	⑩単3電池1本でご使用いただけます。裏には壁掛け用の穴も空いているので、ご自分で空ける手間も必要ありません。また、仕上げは天然由来の塗料を使用しています。植物油から作られた自然塗料を使用することで、自然のままの木肌を伝え、人体や環境への負荷を減らしています。他のお店にも木を使った時計はあると思いますが、このような国産の木を使い丁寧に手作りで時計に仕上げたものはKICORIだけの技術です。既にご購入いただいたお客様からのご感想を一部ご紹介いたします。「部屋の木目を基調とした雰囲気にぴったりと、たいへん喜んでいただいています。」「電波式でこれだけの時計はなかなか見かけないです。」「木の質感がしっかりしていて（でも軽い）です。」
⑪「即決はしないで、もう少し他店を見てから買ってみようかな？」	⑫時計は毎日何度も見るものなので、良いもの・丁寧に作られたものを選びたいですね。一つ一つ手作りで作られたKICORIの時計は眺めるだけで「ほっ」としますよ。またキコリ製品は、万が一故障した場合でも修理が可能です。長くお使いいただき、木の風合いの変化をお楽しみください。お買上げより1年以内の自然故障・不具合は、無償修理・調整いたします。お買上げより1年以上経った製品の故障や、あやまって落とされた等の場合でも有償修理・調整が可能です。お電話にて、時計の状態を確認させて頂きますが、その際に、お見積り、修理期間などの詳細をご説明させていただきます。お気軽にお問い合わせくださいませ。
⑭「それじゃ、これください。」	

3 顧客の要望を解決するストーリー作り

シナリオまとめシート記入例

見出し	シナリオまとめ
信州KICORI 一つ一つ手作り 森の電波時計	
美しい木目の国産「カラ松」を使用。	主材は信州の「カラ松」です。 木目が美しく、優しい木肌の針葉樹です。カラ松の特徴は、はっきりとした美しい木目と触れても温かい木肌、それゆえ加工が難しく、木目に合わせた加工を調整しなければなりません。そんな国産材を洗練されたデザインにKICORIがしあげました。
リビングが自然の癒し空間に。。。	リビングでは、角張らない形と、自然木のお色が優しい雰囲気を作ります。 無機質なオフィスも無垢の木たっぷりの存在感で癒しの空間に…
美しい文字盤・針	KICORIの時計の特徴の一つは文字盤が見やすいこと。お子様やご高齢者の方でも見やすいよう、はっきりとした分かりやすい字体で書かれています。 ・長針は国産カリン。 ・短針はウォールナット。 ・秒針の木の葉は国産のブナ 針まで木で作るのはとても技術のいることで、この薄さで反らないように木を細工するのはとてもむずかしいことなんです。針の厚みは約1〜2mm。職人技術が光ります。それぞれの木が持つ、自然の美しい色合いそのままのハーモニーをお楽しみいただけます。
使用には単三電池1本。 KICORIだけの技術です!	単3電池1本でご使用いただけます。裏には壁掛け用の穴が空いています。 仕上げは天然由来の塗料を使用、植物油から作られた自然塗料を使用することで、自然のままの木肌を伝え、人体や環境への負荷を減らしています。他のお店にも木を使った時計はあると思いますが、このような国産の木を使い丁寧に手作りで時計に仕上げたものは少ないです。裏には壁掛け用の穴があいています。 ・部屋の木目を基調とした雰囲気にぴったりと、たいへん喜んでいただいています。 ・電波式でこれだけの時計はなかなか見かけないです。 ・木の質感がしっかりしていて(でも軽い)です。
ご購入いただいたお客様からのご感想を一部ご紹介。 時計は毎日何度も見るものだから… 安心! kicoriのアフターサービス	時計は一日に何度も目にするものなので、良いもの・丁寧に作られたものを選びたいですね。 一つ一つ手作りで作られたKICORIの時計は眺めるだけで「ほっ」とします。 キコリ製品は、万が一故障した場合でも修理が可能です。 長くお使いいただき、木の風合いの変化をお楽しみください。 ●お買上げより1年以内の自然故障・不具合は、無償修理・調整いたします。 　※保証範囲については保証書をご覧ください。 ●お買上げより1年以上経った製品の故障や、 　あやまって落とされた等の場合でも有償修理・調整が可能です。 　(状態によっては不可能な場合もあります) ご依頼方法 お電話にて、時計の状態を確認させて頂きます。 その際に、お見積り、修理期間などの詳細をご説明させていただきます。 お気軽にお問い合わせくださいませ。

🛒 **シナリオシート**

顧客の台詞	店員の台詞
①お客様がお店に入ってきました。初めから目的の商品(サービス)を探している訳ではないようです。そしてあなたの自慢の商品(サービス)の前で足を止めて、商品に目がいきました。	②「お客様、これは○○なんですよ!」
③「これってどんな商品(サービス)なんですか?」	④「これは、○○な特徴があります」 (参考)「商品情報」質問3（P.65)
⑤「これは、どんなときに必要なんだろう?」	⑥(参考)「商品情報」質問4，5（P.66〜67)
⑦「買ってもよいけど、他店でも同じようなのを見かけたことがあるなぁ」	⑧「○○は、ほかのお店とは○○○が違うんですよ!」 (参考)「商品情報」質問3（P.65)
⑨「買いたくなったけど、この商品(サービス)、買っても安心かな?」	⑩「○○は、買ったあとも、こんなに安心です。」 (参考)「商品情報」質問6(P.69)
⑪「即決はしないで、もう少し他店を見てから買ってみようかな?」	⑫「○○は、こんな理由で今が買いどきですよ。」 ⑬「お客様には○○が○○になりますよ。」
⑭「それじゃ、これください。」	

3 顧客の要望を解決するストーリー作り

シナリオまとめシート

見出し	シナリオまとめ

Section 24 シナリオまとめシートをもとに、商品ページを作ろう

シナリオまとめシートを作成したら、商品ページの完成まであと一歩です。見出しと本文を整えて商品ページのラフを作成しましょう。商品ページのラフができたら、あとは画像を入れていけば、一貫したストーリーにもとづいた商品ページの完成です。

シナリオまとめシートを整える

Sec.23では、作成したシナリオシートの内容を、見出しと本文（コンテンツ）とにわけました。**この見出しと本文（コンテンツ）の内容が、ほぼそのまま商品ページの枠組みになります。**見出しと本文（コンテンツ）をそれぞれしっかりと作り込んでおけば、それをもとに商品画像を入れる場所や文字校正、見出しの大きさなどを調整すればラフが完成します。シナリオまとめシートができていない場合は、Sec.23に戻ってシナリオをまとめましょう。

見出しとコンテンツをもとにすると、おおよそ右ページの例のようなラフができあがります。

最後と最初はどのような商品でも同じ

どのような商品のページでも、最上部と最下部の要素は必ず同じになります。**ラフの最上部には、大きな商品写真とキャッチコピー**が入ります。そして、**最下部には商品を購入してもらうためのカートが入り**ます。

これはネットショッピングの一般的なレイアウトで、ストーリーの流れとも整合性がとれています。この2つの要素は、必ず入れておきましょう。

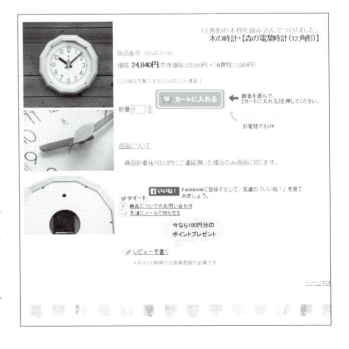

商品ページラフ例

キャッチ	信州KICORI 一つ一つ手作り 森の電波時計
見出し	美しい木目の国産「カラ松」を使用。
本文	主材は信州の「カラ松」です。 木目が美しく、優しい木肌の針葉樹です。 カラ松の特徴は、はっきりとした美しい木目と触れても温かい木肌、それゆえ加工が難しく、木目に合わせた加工を調整しなければなりません。そんな国産材を洗練されたデザインにKICORIがしあげました。
見出し	リビングが自然の癒し空間に。。。
本文	リビングでは、角張らない形と、自然木のお色が優しい雰囲気を作ります。無機質なオフィスも無垢の木たっぷりの存在感で癒しの空間に…
見出し	美しい文字盤・針
本文	KICORIの時計の特徴の一つは文字盤が見やすいこと。お子様やご高齢者の方でも見やすいよう、はっきりとした分かりやすい字体で書かれています。 ・長針は国産カリン。 ・短針はウォールナット。 ・秒針の木の葉は国産のブナ 針まで木で作るのはとても技術のいることで、この薄さで反らないように木を細工するのはとてもむずかしいことなんです。針の厚みは約1～2mm。職人技術が光ります。それぞれの木が持つ、自然の美しい色合いそのままのハーモニーをお楽しみいただけます。
見出し	使用には単三電池1本。
本文	単3電池1本でご使用いただけます。裏には壁掛け用の穴があいています。
見出し	KICORIだけの技術です!
本文	仕上げは天然由来の塗料を使用、植物油から作られた自然塗料を使用することで、自然のままの木肌を伝え、人体や環境への負荷を減らしています。他のお店にも木を使った時計はあると思いますが、このような国産の木を使い丁寧に手作りで時計に仕上げたものは少ないです。裏には壁掛け用の穴があいています。
見出し	ご購入いただいたお客様からのご感想を一部ご紹介。
本文	・部屋の木目を基調とした雰囲気にぴったりと、たいへん喜んでいただいています。 ・電波式でこれだけの時計はなかなか見かけないです。 ・木の質感がしっかりしていて(でも軽い)です。
見出し	時計は毎日何度も見るものだから…
本文	時計は一日に何度も目にするものなので、良いもの・丁寧に作られたものを選びたいですね。一つ一つ手作りで作られたKICORIの時計は眺めるだけで「ほっ」とします。
見出し	安心! kicoriのアフターサービス
本文	キコリ製品は、万が一故障した場合でも修理が可能です。長くお使いいただき、木の風合いの変化をお楽しみください。 ● お買上げより1年以内の自然故障・不具合は、無償修理・調整いたします。 　※保証範囲については保証書をご覧ください。 ● お買上げより1年以上経った製品の故障や、あやまって落とされた等の場合でも有償修理・調整が可能です。 　(状態によっては不可能な場合もあります) ご依頼方法 お電話にて、時計の状態を確認させて頂きます。その際に、お見積り、修理期間などの詳細をご説明させていただきます。下記電話番号まで、お気軽にお問い合わせくださいませ。 TEL…00-123-456 ※受付時間は10:00～18時までになります。 月曜日は定休日となります。 (月曜日が祝日の場合は営業。翌火曜日が定休日となります。)

3 顧客の要望を解決するストーリー作り

顧客の疑問に答え、提案する商品ページ

顧客は、商品ページと対話をしています。つまり、商品ページが店員役となり、商品やサービスについて質問・回答のやりとりを顧客と行っているのです。

ショップの商品ページは、上から順に顧客が持つであろう疑問に答え、商品の魅力や活用法を提案していくという形をとります（この一連の流れがこれまで作成してきたストーリーです）。そして、ページの最後で商品のカートを置き、購入を促します。サイト運営者は商品ページをデザインすることで、ストーリーの流れをコントロールしているのです。

それでは、ラフをもとに完成した商品ページを見ていきましょう。

お客様、これは○○なんですよ！

キャッチコピーと画像で商品の概要を紹介

○○な特徴があるんですよ！

商品情報の紹介

カラ松の特徴は、はっきりとした美しい木目と触れても温かい木肌。
それゆえ加工が難しく、木目に合わせた加工を調整しなければなりません。
そんな国産材を洗練されたデザインにKICORIがしあげました。

リビングが自然の癒し空間に。。。

リビングでは、角張らない形と、自然木のお色が優しい雰囲気を作ります。
無機質なオフィスも無垢の木たっぷりの存在感で癒しの空間に。。。

こんなときに活用できますよ！
顧客の課題や悩みを解決

美しい文字盤・針

KICORIの時計の特徴の一つは文字盤が見やすいこと。
お子様やご高齢者の方でも見やすいよう、はっきりとした分かりやすい字体で書かれています。

・長針は国産カリン。
・短針はウォールナット。
・秒針の木の葉は国産のブナ
針まで木で作るのはとても技術のいることで、
この薄さで反らないように木を細工するのはとてもむずかしいことなんです。
針の厚みは約1〜2mm。職人技術が光ります。

それぞれの木が持つ、自然の美しい色合いそのままのハーモニーをお楽しみいただけます。

○○が違いますよ！
同業他社より優れている点

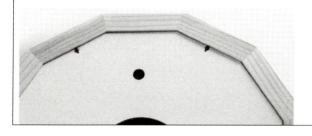

木のおもちゃ デポー
URL http://www.depot-net.com/
これまで紹介した木の時計をはじめ、木のおもちゃや、ぬくもりのある雑貨を販売している

3 顧客の要望を解決するストーリー作り

使用には単三電池1本。

単3電池1本でご使用いただけます。
裏には壁掛け用の穴があいています。

KICORIだけの技術です！

仕上げは天然由来の塗料を使用。植物油から作られた自然塗料を使用することで、
自然のままの木肌を伝え、人体や環境への負荷を減らしています。
他のお店にも木を使った時計はあると思いますが、
このような国産の木を使い丁寧に手作りで時計に仕上げたものは少ないです。

安心してご購入ください！
顧客の不安を解消

お客様の声

ご購入いただいたお客様からのご感想を一部ご紹介。

・部屋の木目を基調とした雰囲気にぴったりと、たいへん喜んでいただいています。
・電波式でこれだけの時計はなかなか見かけないです。
・木の質感がしっかりしていて(でも軽い)です。

時計は毎日何度も見るものだから。。。

こんな声をいただいています！
顧客のコメントで安心・信頼をアピール

時計は一日に何度も目にするものなので、良いもの・丁寧に作られたものを選びたいですね。
一つ一つ手作りで作られたKICORIの時計は眺めるだけで「ほっ」とします。

安心！kicoriのアフターサービス

キコリ製品は、万が一故障した場合でも修理が可能です。
長くお使いいただき、木の風合いの変化をお楽しみください。

● お買上げより1年以内の自然故障・不具合は、無償修理・調整いたします。
※保証範囲については保証書をご覧ください。

● お買上げより1年以上経った製品の故障や、
あやまって落とされた等の場合でも有償修理・調整が可能です。
（状態によっては不可能な場合もあります）

ご依頼方法

お電話にて、時計の状態を確認させて頂きます。
その際に、お見積り、修理期間などの詳細をご説明させていただきます。
下記電話番号まで、お気軽にお問い合わせくださいませ。

TEL...Ⓢ

※受付時間は10:00～18時までになります。
月曜日は定休日となります。
（月曜日が祝日の場合は営業。翌火曜日が定休日となります。）

商品仕様	
メーカー	kicori(日本)
サイズ	幅:318×奥行き:57×高さ:318mm 約2.0kg
素材	カラ松、カリン、ウォールナット、ブナ

> ○○だから今がお買いどきですよ！
> ○○なサービスがありますよ！
>
> だめ押しのひと言で購入を後押し

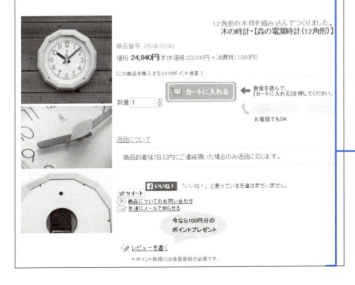

> こちらからご購入できます！
>
> 最後にカートで購入

Column

画像を変えただけで成約率が2倍に!?

　ページの画像だけを改善したところ、成約率が2倍になった事例を紹介します。どちらが成約率が2倍になったページでしょうか？

📁 画像A　　　　　　　　　　　　　📁 画像B

　正解は、Bの鍵の画像を掲載したページです。このWebサイトのターゲットは、ホスティングサービスの契約先を検討している方です。安全・安心・信頼の置ける会社を探している方であれば「安全、厳重、信頼」が連想できる鍵の画像に惹かれるのではないでしょうか。ターゲット設定（顧客情報シート）とターゲットの課題（目的・問題・悩み）の解決提案（商品情報シート2）がしっかりできているか確認することが必要なのです。

✓ 3章のチェックポイント

	Yes	No
顧客情報シートを記入した	☐	☐
商品情報シートを記入した	☐	☐
ロールプレイについて理解した	☐	☐
シナリオシートを記入した	☐	☐
ストーリーを作成した	☐	☐
見出しとコンテンツにまとめた	☐	☐

第 **4** 章

キャッチコピーや文章を練り上げよう

ストーリーから商品のキャッチコピーを考えよう	92
プロダクトサイクルに合わせてキャッチコピーを変えよう	94
そのキャッチコピー・紹介文は簡潔？具体的？	96
ストーリーをもとに、商品の紹介テキストを書いてみよう	98
商品ページチェック診断	100

Section 25 ストーリーから商品のキャッチコピーを考えよう

ネットショップでは、顧客へ最初に呼びかける言葉がキャッチコピーです。顧客の心をしっかりとつかむキャッチコピーを作れるようになりましょう。メリットをなるべく具体的に入れ込み、ストーリーに誘導するのがポイントとなります。

4 キャッチコピーや文章を練り上げよう

ストーリーにおけるキャッチコピーの役割

　顧客に商品を購入してもらうまでのストーリーの中で、キャッチコピーは「最初に呼びかける言葉」の部分を担っています。つまり、キャッチコピーは、最初に「商品のポイント」を顧客に伝える役割を担っているのです。キャッチコピーを見て商品に関心を持った顧客は、さらにストーリーを読んで、商品を気に入れば購入してくれます。そのため、まずはキャッチコピーで商品のメリットや特徴を的確に伝えることが重要です。

🧺 キャッチコピーは顧客へ最初に呼びかける言葉

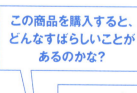

＜キャッチフレーズ＞

立体的な映像は、まるでその場にいるかのような迫力！
スポーツ観戦や映画のアクションシーンの臨場感が違います。

顧客

3Dテレビ（商品）

商品のストーリーへ顧客を誘導

メリットの上手な伝え方とは

　キャッチコピーを作るときに、気を付けたいポイントがいくつかあります。まず、**メリットを数字などで、具体的に表記**することです。「増量しました」よりも、「2倍に増量しました」のほうが顧客の関心を引くことができます。

　また、最近では書店やCDショップなどでもスタッフの手書きPOPが増えていますが、ネットショップでも同じように、**パーソナリティを明かして顧客に語りかける**ことが重要です。「今年いちばん泣ける小説でした」よりも、「今年いちばん泣ける小説でした　by 店長 佐藤」のほうが、顧客へのアピール度が高いといえます。

表現の仕方次第で、伝わりやすさがこんなに変わる

数字などで具体的に書く

× 増量しました

○ 2倍に増量しました

顧客にしっかり語りかける

× 今年いちばん泣ける小説でした

○ 今年いちばん泣ける小説でした by 店長 佐藤

Q&A キャッチコピーが思い付きません。ヒントとなるものはないでしょうか。

もしどうしてもキャッチコピーが思い付かないという場合は、キャッチコピー自動生成サービスを使うと思わぬヒントが得られるかもしれません（Sec.21参照）。困ったときは利用してみるとよいでしょう。

キャッチコピー制作装置
URL http://imu-net.jp/word/copywriting.php

Section 26 プロダクトサイクルに合わせてキャッチコピーを変えよう

発売したばかりの商品と、発売から時間の経った商品では、キャッチコピーでアピールするポイントを変える必要があります。プロダクトライフサイクルの4つの時期を理解して、それぞれの時期に何をアピールすればよいか、見ていきましょう。

4 キャッチコピーや文章を練り上げよう

プロダクトライフサイクルとキャッチコピーの関係

マーケティングの世界では、商品の販売時期を「導入期」「成長期」「成熟期」「衰退期」の4つに分けて考えるのが一般的です。これを「プロダクトライフサイクル」といいます。下の図で解説しているように、商品は同じでも、誰も商品のことを知らない「導入期」と、すでにある程度認知されている「成長期」では、売り方を変える必要があります。売り方が違えば、キャッチコピーで顧客にアピールする内容も変わってきます。キャッチコピーは、商品のプロダクトライフサイクルに応じて変更しましょう。

商品のプロダクトライフサイクルについて

時期	導入期	成長期	成熟期	衰退期	安定期
需給バランス	需要＞供給			需要＜供給	
売上高	低い	急成長		低成長、横ばい	低下
競合企業	ほとんどなし	増加		激化	減少
顧客の買い方	新しい、珍しい 体験してみたい	よい悪いの判断		自分のほしいもの 好み、予算に合うもの	価値観、コンセプト あの人から買う
成功のポイント	アイデア勝負 早期参入	総合化（豊富な品揃え）		差別化（専門特化） 一番化（商品、問題、客層）	人材力、 個別対応
有効な販促手段	雑誌、広告などで イメージ定着	チラシ、ポスティングなどで 商品価値・価格を伝える		ダイレクトメールなどで 絞り込んだ販促	接客・営業力で 顧客と親しくなる
リーダーの資質	度胸と発想力	勢いと実行力		親密さと設計力	理念・哲学

▲出典
IT展示会.net ライフサイクルを考える
（http://www.it-tenjikai.net/modules/tinyd0/index.php?id=28）

「導入期」のキャッチコピーは新登場感を

「導入期」にあたる新商品のキャッチコピーで大事なことは、これまでの商品より、「何が新しくて」「何が優れているのか」を明確にアピールすることです。商品の革新性を刺激的な言葉を使ってアピールするとよいでしょう。「導入期」の商品を購入する顧客はアーリーアダプターと呼ばれ、新しい情報に敏感で、人よりも早く新しい商品を体験したいと考えている人たちです。そんな顧客に、「この商品を試してみたいな」と感じさせることが重要です。

先月、新登場したばかりです！

これまでの商品とは違う技術が採用されています

性能が10%も向上しています

「これまでの商品とどれだけ違うのか」をしっかりアピールする

「成長期」には人気のポイントをアピール

商品が新登場から少し経って、人気が出始めた「成長期」には、キャッチコピーのポイントを「新しさ」から、「人気」へと変更します。つまり、「こんな点が喜ばれています」「○○な方々に評判の品です」のように、その商品が「どのような理由で」「どんな人々に」受け入れられているのかを伝えることで、同じような顧客を呼び込めます。

「成熟期」にはライバルとの差別化を

商品そのものの特徴を明確にアピールする「導入期」や「成長期」に続く「成熟期」では、ライバルとの競争が激化してしてきます。そのため「成熟期」では、競合する商品やショップに対するアピールが重要になります。「価格」や「納期」「サービスの充実」など、商品のメリット、さらに自分のショップで購入するメリットをアピールし、ライバルのショップとの違いを明確にしましょう。

1日でお届け

無料保証付

商品やショップのメリットを強調して、ライバルとの「差」をアピールする

Section 27 そのキャッチコピー・紹介文は簡潔？具体的？

キャッチコピーや紹介文を書いたら、ネットショップに掲載する前に必ずチェックしましょう。インターネットで公開されている無料ツールを使うと、簡単にチェックできます。また、チェックする際に気を付けておきたいポイントを覚えておきましょう。

誤字、脱字、ミスのないことが大前提

ほかのネットショップを見ていて、「このショップの文章はミスが多いな」と感じたことはありませんか。そんなとき、「間違いの多い文章を放置しているようなショップは、対応もいい加減に違いない」と考えるはずです。これは顧客も同じです。文章の上手、下手以前の問題として、**誤字・脱字や表現のゆれがないようしっかり確認しましょう**。インターネット上でも、誤字・脱字や文章の難しさを判別してくれるツールが公開されているので、利用するとよいでしょう。また、Microsoft Wordや一太郎などのワープロソフトにも、ボタン1つで文章をチェックしてくれる校正機能が付いています。これらのツールも活用しましょう。もちろん、自分で読み返すことも忘れないでください。

便利な文章校正ツールを利用しよう

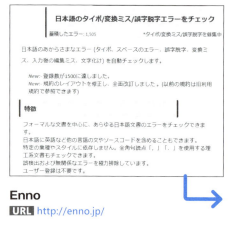

Enno
URL http://enno.jp/

誤字脱字や変換ミスなど、チェックしてくれるツール。チェックしたいテキストを貼り付けボタンを押すだけでチェックできる。検査できる言葉は、事前に登録されている1500語程度で、専門用語などはチェックされないので注意が必要

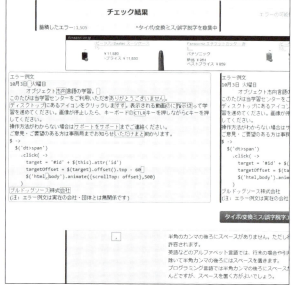

文章は簡潔に、読みやすいレイアウトで

　熱意や愛情を注いで詳細な紹介文を書いても、文章が長すぎると読み飛ばされてしまいます。紹介文をチェックするときは、文章の長さを確認し、長すぎるようであれば、途中で文章を区切りましょう。また、紹介文は3～4行ごとに改行を入れると、視認性が高まり読みやすくなります。文章ができたら実際にブラウザで表示し、誤った場所で折り返されていないか、写真とのバランスは適切かなど、ページレイアウトも確認しながら読みやすくなるように調整しましょう。

文章を簡潔にし、改行を多めに

今回発売された機種では、新開発の○○○機能を搭載したことで処理スピードがこれまでの機種より20%も向上し、非常にスムーズな操作感を実現しました。

今回発売された機種では、新開発の○○○機能を搭載。

処理スピードがこれまでの機種より20%も向上しました。

この結果、▲▲では、非常にスムーズな操作感を実現しました。

内容はできるだけ具体的な表現で

　キャッチコピーや紹介文に記載する内容は、可能な限り具体的な表記を使用しましょう。「当店売れ筋No.1商品！」のように、裏付けのあるデータや数値を明記することで、顧客に対するアピール度がより強くなります。

具体的な表記を心がけよう

ものすごく売れています。

1ヶ月で販売数1000個以上です。

当店でも、とても売れ筋の商品です。

当店でもこの3ヶ月で売れ筋No.1を独走している人気商品です。

Memo　No.1は1つだけではない！？

No.1には「当店の売れ筋No.1」「○○ジャンルでNo.1」「お客様の満足度No.1」「売上総額No.1」などいろいろな表現が考えられます。その商品ならではの「No.1」を見つけましょう。

Section 28 ストーリーをもとに、商品の紹介テキストを書いてみよう

> 商品の紹介テキストにも、商品の特徴を書くだけではなく、ストーリーが必要です。第3章で作ったストーリーにもとづいて紹介テキストを書けば、商品の購入率も変わります。また、具体的なターゲットを想定することも、テキストを書くポイントです。

紹介テキストのストーリーの流れ

実店舗において、同じ店内で同じ商品を販売しているのに、セールスマンによって、販売成績に差が付くのはなぜでしょうか。それは、セールスマンによってセールスのスキルが違うからです。成績のよいセールスマンの多くは、セールスの流れ（ストーリー）をしっかり組み立てています。つまり、**「アプローチ」から「商談」、そして「クロージング」へと、顧客とのコミュニケーションを進めている**のです。この流れはネットショップも同じだということは、第3章で学びました。ネットショップの場合は、顧客と直接会話をすることができないので、紹介テキストでストーリーを組み立てる必要があります。

セールスの実績を上げるにはストーリーが必要

アプローチ	商談	クロージング	
商談へのきっかけ 雑談や日常会話から顧客のニーズをつかみ出す。 「○○で困ったことなどはありませんか」	商品の具体的な説明 顧客のニーズに応える、商品の機能やメリットを伝える。 「▲▲機能が、しっかり解決いたします」	購入のための一押し 価格面での割引やおまけの提供など、購入させるためのフックを提供する。 「しかも今なら、□□％OFFですよ」	→ 購入

第4章 キャッチコピーや文章を練り上げよう

まずはソフトなアプローチで

実店舗でもそうですが、セールスマンが最初から売る気満々の姿勢でやって来ると、顧客は腰が引けてしまいます。まずは、「何をお求めですか」「どんなことに困っていますか」と顧客のニーズを聞くことが重要です。対面販売ができないネットショップの場合には、「このようなことでお困りではないですか」と尋ねることから始めましょう。

クロージングでは今買うことの必然性を

「アプローチ」できっかけを作り、「商談」で商品の説明をしたあとには、購入してもらうための「クロージング」に入ります。クロージングでは、商品について理解した顧客に、「いま、当店で買うとこんなにお得ですよ」と説得をし、購入を後押しします。価格やおまけといったプロモーション（販売促進）や、アフターサービスなど、機能以外のメリットを提示しましょう。

Memo　語りかけるように文章を書こう

顧客に伝わりやすい紹介テキストを書くためには、目の前に特定の顧客がいると想定してみましょう。その顧客に語りかけるつもりで文章を書くと、紹介テキストをうまく書くことができます。

ターゲットを明確にした上で、実際に語りかけているように文章を書く

キャッチコピーや文章を練り上げよう

Section 29 商品ページチェック診断

文章が書けたら、顧客の心をつかめる内容になっているかどうか、以下に挙げる7つの項目をチェックしましょう。すべてOKなら、商品ページの文章は完成です。チェックが付かなかった場合は、あらためてシナリオまとめシートを練り直しましょう。

4 キャッチコピーや文章を練り上げよう

各チェック項目に該当するセクション

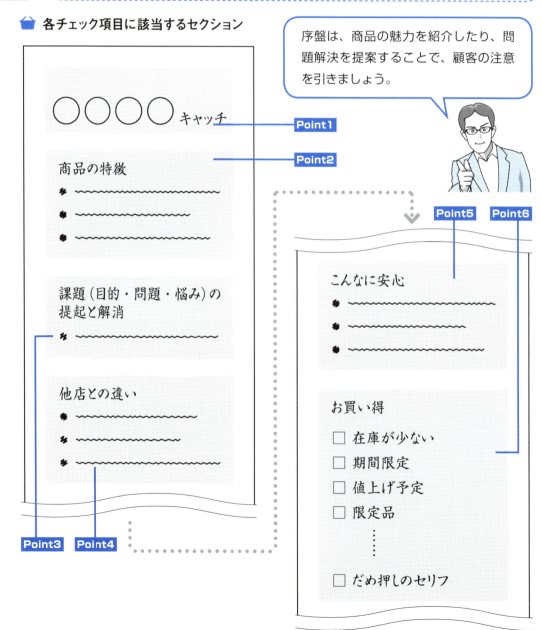

序盤は、商品の魅力を紹介したり、問題解決を提案することで、顧客の注意を引きましょう。

> 後半では安心・お得と感じさせることで、顧客の「買おうかな」という気持ちを後押ししましょう。

Point7

□ だめ押しのセリフ

商品名 〜〜〜〜
データ 〜〜〜〜
カート 〜〜〜〜

Point1　キャッチコピーとサブタイトル

　キャッチコピーとサブタイトルは、顧客に共感と興味を持ってもらえる、すなわち、ページの内容を見たいという気持ちにさせるものになっているでしょうか？　キャッチコピーは、ネットショップの一番のポイントとなります。いくつかキャッチコピーとサブタイトルのセットを用意して、どの組み合わせにもっとも興味をそそられるか、いろいろな人の意見を聞いてみましょう。

□ キャッチコピーは、伝わったか？
□ はっとして商品に興味が湧いてきたか？
□ もっと商品について知りたくなったか？

Point2　商品の特徴

　どんな商品なのか、ちゃんと説明できているでしょうか？　キャッチコピーに引かれて商品を見ても、それがどんな商品なのか分からなければ、顧客が商品を買うことはありません。顧客が商品に興味や関心を持ってもらえるように、どんな商品なのか解説し、その特徴や強みなどをアピールしましょう。

□ なんかいいかもと思ってもらえたか？
□ あるといいなと思ってもらえたか？
□ 商品やサービスの強みをアピールできたか？

Point3　顧客の課題（目的・問題・悩み）に応える

　商品がどういうものか分かっても、それが顧客のニーズに応えているものでなければ、購入されません。**顧客のかかえている問題や悩みを解消できるような商品なのか、きちんと説明されているでしょうか？**　聞かれたらその場で答えることのできる実店舗と違い、ネットショップでは、あらかじめ顧客のニーズに合致する答えを用意しておかなければなりません。

- ☐ 興味ある商品から課題（目的・問題・悩み）も解決できたか？
- ☐ ほしい商品から必要な商品へ気持ちが変わったか？

Point4　他店との違い

　説明文は、商品に対するこだわりをアピールできているでしょうか。**生産地の詳細、開発ストーリー、生産者の思い、顧客からの声といった要素は必ず入れましょう。**　生産地の詳細、開発ストーリー、生産者の思いがうまく伝われば、ほかのショップとの大きな差別化のポイントとなり、顧客に「同じ商品なら、ここのショップで購入したい」と思わせることができます。

- ☐ このお店で買ってもよいかもと思われたか？
- ☐ 価格以上の価値は伝わったか？
- ☐ この商品の同業他社との違いは伝わったか？
- ☐ あなた（店員）の熱い想いは伝わったか？
- ☐ 制作者（生産地）の熱い想いは伝わったか？
- ☐ このお店で売れている事実は伝わったか？
- ☐ この商品の確かなスペックは伝わったか？

> **Memo　よりよいチェックを行うために**
>
> どういう言葉に安心するか、興味を持つかなど、経営者目線ではなく、顧客目線でショップの内容をチェックするようにしてください。

Point5　安心できる情報

顧客は、プロフェッショナルからの評価（受賞歴やISOなどの認証）、ランキング、購入者からの声（レビュー）といった**客観的な情報があると、安心して商品を購入することができます**。雑誌やその道の専門家から商品を取り上げてもらうのは簡単なことではありませんが、ランキングを作ることはそう難しくありません。また、実店舗を経営しているなら、そこで購入した顧客の声を聞いて、商品ページに反映させるのもよいでしょう。

また、**顧客の不安を解消できているか、というポイントも重要です**。とくにネットショップでは、商品の決済方法や返品に関する情報、発送方法などを明記し、顧客が安心して購入できるようにしておきましょう。

- □ この商品を買っても安心に思ってくれたか？
- □ すでに買った顧客の声は伝わったか？
- □ この商品が売れている事実は伝わったか？
- □ 買ったあとの不安要素は解消されたか？（返品など）
- □ 受賞歴などの第三者評価は伝わったか？

お客様の声

ご購入いただいたお客様からのご感想を一部ご紹介。

- ・部屋の木目を基調とした雰囲気にぴったりと、たいへん喜んでいただいています。
- ・電波式でこれだけの時計はなかなか見かけないです。
- ・木の質感がしっかりしていて（でも軽い）です。

「お客様の声」といった形で商品を購入した顧客の感想を伝えることは、購入を検討している顧客に商品の品質を伝える手段として効果的

Point6　プロモーション（販売促進）

　顧客に商品を「今」「ここで」買ってもらうためには、プロモーション（販売促進）をすることが大切です。「希少在庫」「期間限定商品」といった商品そのものをアピールすることもできますが、「おまけ付き」「ポイント付加」といったサービス面に焦点を合わせることも可能です。また、単にアピールするだけでなく、そのポイントが顧客にちゃんと伝わる表現になっているか、ということにも気を付けましょう。

- ☐ 在庫が少ない
- ☐ 期間限定
- ☐ 値上げ予定
- ☐ 限定品
- ☐ おまけ
- ☐ ポイント増量
- ☐ アフターサービス
- ☐ 今だけ割引

Point7　クロージング

　顧客に「商品を買うという決断」を促すためには、だめ押しのひとことを添え、顧客の背中を押してあげることが大切です。たとえば、どういうシーンで役に立つ商品なのかを説明することによって、クロージングまで持っていくことができます。では、どんな言葉がだめ押しのひとことして有効なのでしょうか。それはP.102で挙げた課題（目的・問題・悩み）を解決する提案をまとめる言葉、商品の強みを表す言葉です。また、「立ち仕事のあと、試しに使ってみたら、足のむくみが取れました」など、顧客の声をだめ押しのひとことに使うのも効果的です。商品ページの最後に、だめ押しのひとことが入っているか、チェックしましょう。

- ☐ だめ押しのセリフ
- ☐ 課題（目的・問題・悩み）を解決するセリフ

第 **5** 章

サービスを使って ネットショップに挑戦しよう

初めての人はヤフオク! に挑戦してみよう	106
Yahoo! ショッピングに出店してみよう	112
フリマアプリを利用しよう	118

Section 30

初めての人は ヤフオク！に挑戦してみよう

ネットで一度も売買したことがない人が、いきなりネットショップを開設するのはハードルが高いでしょう。そこで、まずはヤフオク！から始めて、ネットでの売買に慣れましょう。便利なフリーソフトを使えば、見栄えのよいページを簡単に作成することもできます。

日本最大級のネットオークションサイト「ヤフオク！」

ヤフオク！とは、Yahoo! JAPANが運営する日本最大のインターネットオークションサイトです。一般ユーザーや事業者が商品を出品し、その商品に対しもっとも高い値段を付けた人が商品を購入できるしくみです。ネットショップをこれから始める人は、まずはヤフオク！に挑戦してみることをおすすめします。

なお、ヤフオク！で商品を出品するには、Yahoo!プレミアムアカウント（有料）に登録し、本人確認を済ましておく必要があります。

 出品、落札のしくみ

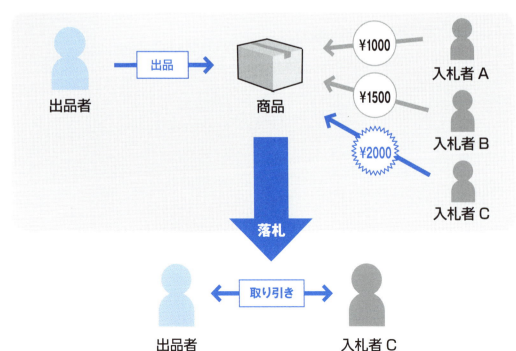

ヤフオク！でネットショップ運営の練習をする

　ヤフオク！をおすすめする理由は3つあります。第1の理由は、ネットショップよりも手軽に始められることです。ホームページを作成しなくても、登録さえすればすぐに売りたい商品を出品することができます。

　第2の理由は、ヤフオク！がネットショップのおおまかな流れを理解する格好の学びの場であることです。ヤフオク！に商品を出品することで、ストーリー作り、ページ作り、キャッチコピー作りを実践することができます。次に、商品の売買をとおして、顧客とどう接すればよいのかを学ぶことができます。また、シナリオまとめシートの内容を箇条書きに整理することで、オークションの商品説明で使うことができます。

　そして第3の理由、これがいちばん重要なのですが、ヤフオク！をとおして成功体験を経験できることです。Yahoo! JAPANは日本で圧倒的なアクセス数を誇るサイトです。ヤフオク！を利用すれば、日本最大の集客力を活用できます。もちろん、商品を売るのは簡単ではありませんが、ヤフオク！では気軽に販売に取り組めます。また多くの人の目に触れる機会が得られるため、商品が売れる可能性も高まるのです。ヤフオク！で商品が売れるという成功体験は、これからのやる気にきっとつながるでしょう。

出品までの手順

Step 1 利用登録 → Step 2 商品画像を準備 → Step 3 商品説明を作成 → Step 4 出品フォームに入力 → 出品完了

ヤフオク！- 使い方ガイド
URL http://special.auctions.yahoo.co.jp/html/guide/

売り方や買い方、ヤフオク！を使う上でのコツなども、しっかりフォローされている

ヤフオク！- 初めての方へ
URL http://special.auctions.yahoo.co.jp/html/introduction/index.html

ヤフオク！では、初めての人でも簡単に出品できるように、使い方を分かりやすく解説している

@即売くんでヤフオク！に挑戦してみよう

　ヤフオク！に初めて挑戦する方におすすめしたいのが、「@即売くん」というフリーソフトです。12種類×24色の288パターンの出品テンプレートを作成できます。初心者でも簡単に操作でき、商品案内作成、リスト作成、送料の計算、メール作成まで行えます。@即売くんを使って出品されたオークションは、使用しないものに比べて入札率が大幅に向上することがあります。

　初心者でも簡単にヤフオク！に適した商品案内ページが作成できるので、出品者は自分でHTMLコードを書く必要がありません。シナリオまとめシートの整理や、画像の撮影に集中できます。商品写真やキャッチコピーを、各項目に当てはめていきましょう。

@即売くんを使えば豊富なテンプレートで作成できる

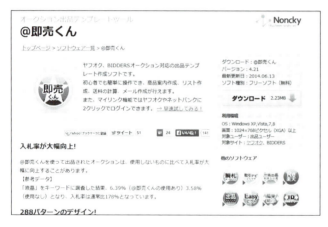

@即売くん
URL http://www.noncky.net/software/sokubaikun/

色やテンプレートは商品に合ったイメージのものを使うとよいでしょう。

＠即売くんでヤフオク！の商品ページを作成する

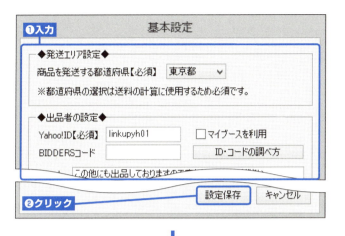

1. ＠即売くんをパソコンにインストールすると、自動的にダイアログボックスが起動します。「発送エリア設定」「出品者の設定」「支払い方法の補助説明」を入力したら、「設定保存」をクリックします。

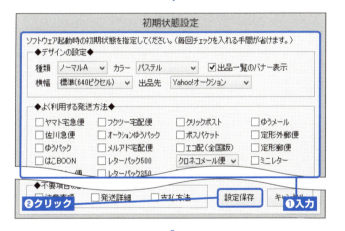

2. 初期状態を設定します。「デザインの設定」「よく利用する発送方法」「よく利用する代金の受取方法」などを選択したら、「設定保存」をクリックします。

3. 「初期状態を設定」を設定したら、商品案内作成で「タイトル」「商品説明」「注意事項」「発送詳細」を入力します。入力内容はストーリーから作成した商品紹介用のテキストで大丈夫です。

サービスを使ってネットショップに挑戦しよう

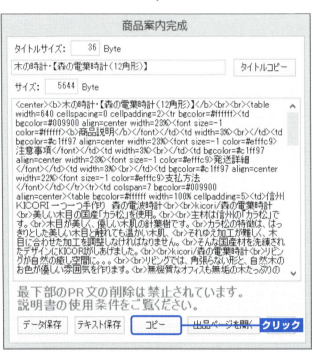

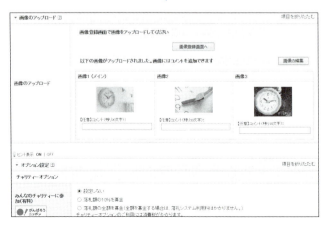

4 必要な項目を入力し終えたら、「レイアウト」を確認します。プレビューを見ながら、各箇所のボリュームやデザインを調整しましょう。

5 すべての項目が完成したら、「完成」をクリックし、「コピー」をクリックして商品案内のHTMLコードをコピーします。いったんテキストファイルにコピーして保存しておくと、紛失する危険性がなくなるので安心です。

6 ヤフオク！にログインし、指定された手順に沿って商品情報入力ページへと移動します。「説明」項目で「HTMLタグ入力」をクリックし、先ほどのHTMLコードを貼り付けましょう。あとは必要な項目を入力し、商品画像をアップロードすればヤフオク！への出品が完了します。

ヤフオク！商品ページ作成例

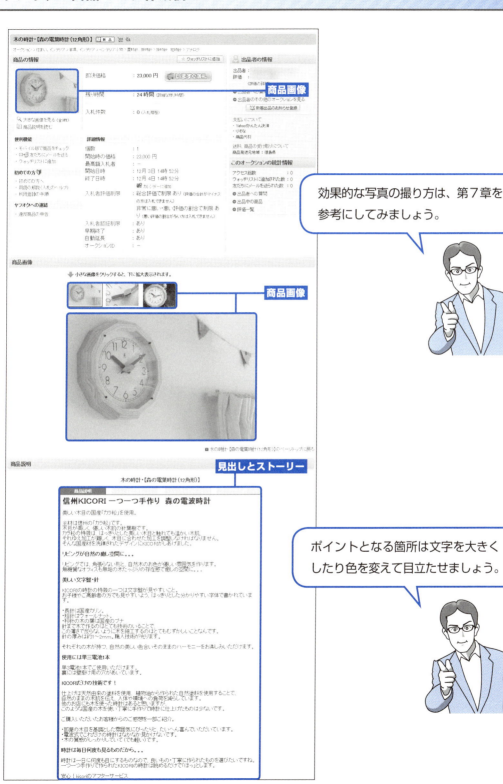

効果的な写真の撮り方は、第7章を参考にしてみましょう。

ポイントとなる箇所は文字を大きくしたり色を変えて目立たせましょう。

Section 31 Yahoo!ショッピングに出店してみよう

自分のサイトを作る前に、Yahoo!ショッピングに出店してネットショップ運営を実際に経験してみましょう。ローリスクでショップ運営が始められます。3つの出店形態があるので、よく考えた上で自分に合った出店形態を選びましょう。

無料で出品できる「Yahoo!ショッピング」

　Yahoo!といえばオークションのイメージが強いですが、近年になってショッピングモール「Yahoo!ショッピング」のサービス内容が改定され、非常に出店しやすくなっています。とくにネットショップを始めようとする初心者にとって、初期費用や出店料などが無料のためローリスクで出店することができ、手っ取り早くネットショップ運営を経験することができます。ショップ運営を実際に体験することで、HTMLやSEOを勉強したり、集客の方法について習得することができます。また、のちにネットショップのサイトを作ったとき、ここで集めた顧客を自分のサイトに誘導することなども可能です。

Yahoo!ショッピング
URL http://shopping.yahoo.co.jp/

Yahoo!ショッピングは、サービスの内容が見直され、出店のための金額がかなり安価となった。好条件での出店が可能

Yahoo!ショッピングの特徴

　インターネット上のショッピングモールといえば、「楽天市場」と「Amazonマーケットプレイス」が2強ですが、Yahoo!ショッピングならば、これらのサービスよりも安価で出店することができます。また、メルマガの配信や外部リンク（ほかのサイトへのリンク）に制限もないため、**非常に自由度が高い**のが特徴です。

安く使いやすくなったYahoo!ショッピング

2013年10月から価格体系が見直され安価に

- 初期費用　　　… 21,000円
- 月額利用料　　… 25,000円　　→　すべて**無料**
- 売上ロイヤリティ … 売上1.7%～6.0%

- メルマガ配信（無料）
- 外部リンク　　　　　　　　　→　すべて**自由**
- 個人出店

Yahoo!ショッピングは無料で出店できる

	楽天市場	Amazonマーケットプレイス	Yahoo!ショッピング
初期費用	¥60,000	無料	無料
月額出店料	¥19,500～100,000	¥4,900	無料
システム利用料	2～6.5% カード決済手数料含まず	8～45% カード決済手数料含む	無料 カード決済手数料含まず Tポイント必要

Yahoo!ショッピングは、楽天市場、Amazonマーケットプレイスよりも安価で出店できる。初心者でもローリスクでWebショップを立ち上げることができる

Yahoo!ショッピングでネットショップ運営を経験するメリット

Yahoo!ショッピングでネットショップを運営する上で、さらに魅力的なことは**集客**です。ショッピングモールに頼らず自分でWebサイトを構築してもよいのですが、**集客力ではショッピングモールにはかないません**。Yahoo!ショッピングには、

Yahoo!JAPANのトップページや検索結果などから大きな集客が期待できる

Yahoo! JAPANの検索結果やコンテンツから多くのユーザーが流れてくる可能性があります。まだ、ショップの知名度が低く、アクセス数を集めにくい開店初期の段階には、大いに役立つでしょう。**ここで知名度を上げ、集客のコツをつかむことにより、自分でWebサイトを立ち上げたとき、ノウハウを生かしてネットショップを運営することができます。**

🛒 Yahoo!ショッピングは集客の点で有利

	Yahoo!ショッピング	単独のWebショップ
立ち上げ	簡単	サイト制作に時間と手間
集客力	高い	低い
集客手段	Yahoo!JAPANから、リンク、バナー、検索	SEO対策、PPC広告
購入動機	衝動買いが多い	目的買い中心、衝動買いはほとんどない
価格競争	起こりやすい	起こりにくい
購入の決め手	レビュー、価格	信頼・信用
ポイント	モール内で利用可能	自店でのみ有効
顧客名簿	獲得できる	獲得できる
ショッピングカート	カスタマイズできない	カスタマイズできる
リピート購入	少ない	多い
SNS連携	やりにくい	やりやすい
粗利益率	高い	高い

Yahoo!ショッピングに出店する

　Yahoo!ショッピングに申し込むためには、まず、Yahoo! JAPANのアカウントが必要になります。こちらはメールアドレスがあれば無料で登録することが可能です。個人出店の場合、さらに有料のYahoo!プレミアム会員の登録が必要になります。また、登録には、支払い用のクレジットカードか指定銀行の口座が必要になります。

　Yahoo!プレミアム会員に登録したら、ショッピングに登録します。P.117のフローチャートを参考にして「プロフェッショナル出店」、「ライト出店」、「個人出店」から選択し、それぞれサイトから申し込みます（P.116参照）。なお、出店にあたりショップのページを作成する必要がありますが、無料ツールのストアクリエイターを使えば数分でページを作ることも可能です。

　申し込みの内容については契約審査があり、さらにプロフェッショナル出店の場合には、商品登録など開店準備を行い、その上で開店審査が必要となります。審査がとおれば、開店準備は完了です。

🧺 申し込みから開店までの流れ

Step 1　申し込み
プロフェッショナル出店、ライト出店、それぞれ申し込みフォームに必要事項を入力する

Step 2　契約審査
取扱商品、クレジットの審査、登録口座の確認などが行われる。結果はメールで送られてくる

Step 3　開店準備
商品登録などお店作り。ライト出店は、このまま開店。プロフェッショナル出店の場合は、開店審査が必要

Step 4　開店審査
取扱商品に問題がないか、ストア情報、支払い、発送の説明など、お買い物ガイドの内容が適切か審査される。不備があった場合には、「修正依頼メール」が届く。審査が完了すればお店OPEN

🧺 ライト出店でも、ストアクリエイターでショップをデザインできる

Yahoo!ショッピングには、ショップをデザインできるストアクリエイターが用意されている。テンプレートを組み合わせることで、簡単にショップをデザインできる

ライト出店とプロフェッショナル出店

　Yahoo!ショッピングに出店する場合、事業形態が法人か個人か、また、販売する商品の数などによって、最適な出店形態が選択できるようになっています。大規模なショップを想定しているなら「プロフェッショナル出店」、商品数100点程度までで個人事業主ならば「ライト出店」、個人で物販を行う「個人出店」の3つにわけられます。基本的に出店費用が無料なことに変わりはありませんが、クレジットカードの決済手数料や利用できるツールに違いがあるので、自分に合ったものを選択するようにしましょう。このとき、一度選択した出店方法は、あとから変更することができないので注意が必要です。のちのち独自ドメインを取得してネットショップの開設を目指すのであれば、「プロフェッショナル出店」でさまざまな経験を積んでおくのがよいでしょう。

📁 出店形態の比較

事業形態	法人・個人事業主		個人
出店方法	プロフェッショナル出店	ライト出店	個人出店
ツール名	ストアクリエイターPro	ストアクリエイター	
毎月の固定費	無料		プレミアム会員費 月額380円(税抜)
クレジットカード決済の決済手数料	3.24%		3.7%
決済方法	・クレジットカード ・モバイル支払い(キャリア決済) ・モバイルSuica決済 ・コンビニ決済 ・銀行振込決済(ペイジー) ※ほか銀行振込や商品代引も利用可能	クレジットカード ・VISA ・MasterCard ・JCB ・Diners ・AMEX	クレジットカード ・VISA ・MasterCard
広告(有償)の利用 豊富な広告メニュー	○	△ (商品連動型広告のみ)	―
ニュースレター配信機能	○	―	―
統計レポート機能	○	―	―
顧客との取り引き方法	直接	Yahoo!ショッピングあんしん取引	

📁 ライト出店／個人出店には制約が多い

- 商品数に制限がある
- HTMLタグが使えない
- カスタムページの作成ができない
- 出品管理、在庫管理ツールが使えない
- ニュースレターの配信、クーポン発行など不可
- クレジットカード決済できる商品しか扱うことができない
　　(ギフト券、動物用医薬品、生きもの、コイン、プリペイドカード、切手など不可)
- 取り引きは「Yahoo!ショッピングあんしん取引」を使用しなければいけない

自分に適した出店形態を選ぶ

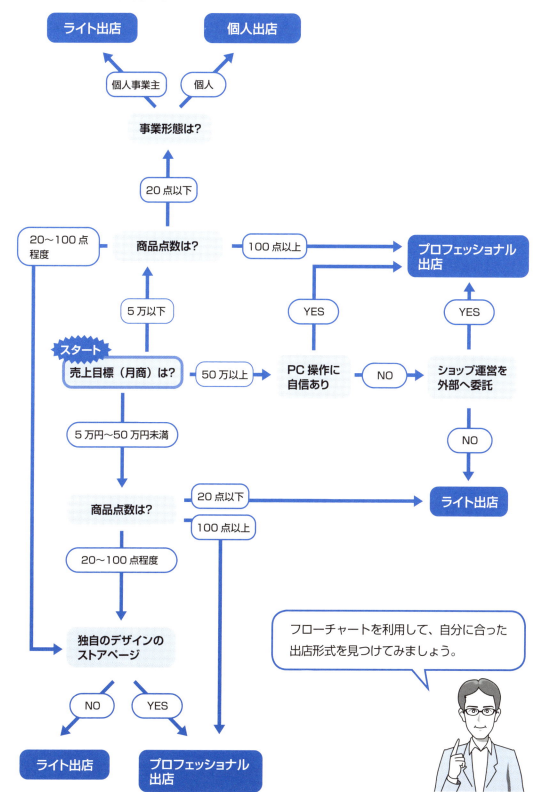

フローチャートを利用して、自分に合った出店形式を見つけてみましょう。

Section 32 フリマアプリを利用しよう

ネットショップを体験したいなら、フリマアプリを利用するのがもっとも簡単な方法です。数分で手軽に出品でき、また出品には手数料もかかりません。ただし、あくまでもスマートフォンのアプリなので、ネットショップとの連携などはできません。

スマートフォンのフリマアプリを活用する

　スマートフォンユーザーが大きなターゲットならば、「LINE MALL」や「メルカリ」などのフリマアプリを使ってみるもよいでしょう。フリマアプリはとくに女性の利用者が多いため、スマートフォンを利用している女性向きの商品などが狙い目になります。また、商品の出品費用は無料にしているサービスが多く、スマートフォンだけで数分あれば出品できる手軽さで人気を呼んでいます。

　ただし、「LINE MALL」や「メルカリ」はスマートフォンだけのフリマアプリなので、ネットショップと連携させたり集客には使えません。ターゲットがスマートフォンユーザーに多い場合や、ネットショップを始める前の「お試し」として活用してみるとよいでしょう。

LINE MALL
URL https://mall.line.me/

LINE MALLは、LINEが運営するフリマアプリ。LINEのアカウントがあれば、無料で商品を出品できる。商品の受け渡しや入出金はLINEが管理してくれるので、初心者でも簡単に取り引きを開始できる

メルカリ
URL http://mercari.jp/

ダウンロード数が700万を超えているフリマアプリ。LINE MALLと同じように売買代金の管理をメルカリが行ってくれる。出品は無料だが、商品が購入された場合、購入代金の10%が手数料として徴収される

第6章 トップページでお店の第一印象を変えよう

- これからのネットショップに必要なデザイン …………………………… 120
- トップページの役割 ………………………………………………………… 122
- トップページに必要なものを考えよう …………………………………… 124
- トップページを4つのエリアにわけて考えよう ………………………… 128
- ファーストビューで顧客をショップに引き付けよう …………………… 130
- お店の"看板"を演出しよう ……………………………………………… 133
- コンテンツエリアで顧客をお店の中に呼び込もう ……………………… 134
- ナビゲーションでショップの機能性を高めよう ………………………… 136
- トップページのラフを描こう ……………………………………………… 138
- ほかのショップから見えてくるトップページ作りのコツ ……………… 140

Section 33 これからのネットショップに必要なデザイン

パソコンでもスマートフォンでも、最適化されたデザインで表示されるのがレスポンシブデザインです。メリットとデメリットを見つつ、ネットショップにレスポンシブデザインを採用したい理由を考えましょう。

レスポンシブデザインとは

ネットショップは、今後ますますスマートフォン経由で利用されていくことが予想されています。その流れの中で、クローズアップされてきたのがレスポンシブデザインです。

レスポンシブデザインとは、単一のデザインでパソコン・スマートフォンに対応できるデザインのことです。これまでは、パソコン用・スマートフォン用の2種類のWebページを用意しなければ、それぞれの画面サイズに適した表示ができませんでした。しかし、レスポンシブデザインは、1つのWebページだけで、パソコン・スマートフォンのどちらでも最適化されたデザインを表示することができるのです。

📂 レスポンシブデザインのしくみ

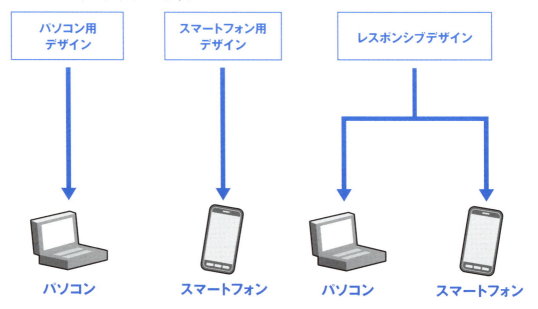

パソコンとスマートフォンでWebファイルをわけずに、1つのWebファイルにすることで、デザインを共通にできる

レスポンシブデザインのメリット・デメリット

　レスポンシブデザインのメリットは、主に2つあります。1つ目はサイト制作や更新作業の効率が上がることです。わざわざパソコン用、スマートフォン用と別々に作業をする必要はありません。そして2つ目は、SEOに強いことが挙げられます。レスポンシブデザインは、Googleも推奨しており、検索結果でも上位に表示されやすくなります。

　デメリットとしては、デザインの設計に手間がかかってしまうことや、スマートフォンやタブレットからではPCサイトを見られないこと、従来のフィーチャーフォンに未対応となってしまうことが挙げられます。

レスポンシブデザインのメリット
- サイト制作・更新作業がしやすい
- SEO効果が高い

レスポンシブデザインのデメリット
- デザイン設計に手間がかかる
- スマホ・タブレットでPCサイトが見られない

パソコンとスマートフォンで同じデザイン

パソコン表示

スマートフォン表示

北欧、暮らしの道具店
URL http://hokuohkurashi.com/

Section 34 トップページの役割

商品ページに「顧客に商品を買ってもらう」という役割があるように、トップページにはトップページの役割があります。まずは、その役割がどういったものなのかを見ていきましょう。その上で、トップページ全体の構成を理解しましょう。

トップページはネットショップの玄関口

トップページの役割は大きくわけて3つあります。1つ目は顧客に次のアクションを促すことです。次のアクションとは、目的の商品・情報ページへ誘導することです。2つ目は何を取り扱っているショップかを瞬時に感じ取ってもらえることです。そして3つ目は、ほしい商品はあるか、ターゲットとしている顧客に瞬時に感じ取ってもらえることです。

トップページの3つの役割

① 顧客に次のアクションを促す
② どのような商品を取り扱っているか、瞬時に感じ取れる
③ ほしい商品はあるか、ターゲット顧客が瞬時に感じ取れる

「3つの役割」を意識してトップページを見る

❶顧客に次のアクションを促す

❷❸どのような商品を取り扱っているか、ターゲットがほしい商品はあるか瞬時に感じ取れる

(株)スウィングキッズ
URL http://www.swing-kids.com/

ページ全体の構成を考える

　ネットショップのページには、どのページでも同じように表示される部分と、ページによって表示される内容が変化する部分があります。第3章では、後者の「変化する部分」として商品ページを作りました。しかし、トップページを作る際は、前者の「常に表示される部分」も同時に考える必要があります。顧客をスムーズに商品ページへと誘導していくためにも、トップページにはどういった要素が必要になるのか、検討を重ねながら作り込んでいきましょう。

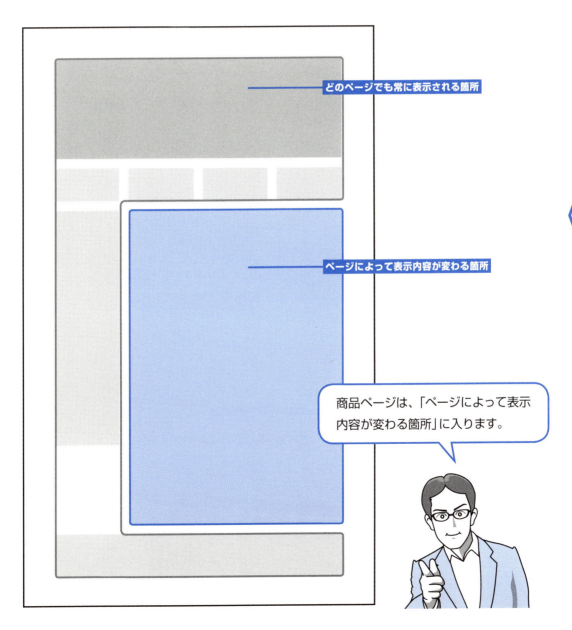

どのページでも常に表示される箇所

ページによって表示内容が変わる箇所

商品ページは、「ページによって表示内容が変わる箇所」に入ります。

Section 35 トップページに必要なものを考えよう

トップページといってもWebサイトの種類によって置いてあるものはそれぞれ異なります。では、ネットショップの場合にはどのようなものを用意する必要があるのでしょうか。必要な要素は9つあります。1つ1つ見ていきましょう。

トップページに必要な9つの要素

　顧客が最初にアクセスするトップページは、ショップの店構えです。ショップに訪れた顧客が、「何を売っているお店なのか」「ほしい商品はあるのか」「お店全体の雰囲気はどうか」といったことが瞬時に分からなくてはなりません。そういったトップページを作るためには、以下の9つの要素が必要になります。

カフェリコ
URL http://cafe-rico.com/index.html

① ショップ名とロゴ画像

　ショップ名は、ひと目見た瞬間、「何を売っているお店なのか」が、分かるものでなくてはなりません。ショップ名は、売り上げを左右する重要なポイントになります。ショップ名を目立たせたいのであれば、ただの文字ではなく、ロゴ画像にしてしまうのもよいでしょう。

ショップ名のロゴ画像は、目立つように、トップページのヘッダー部分に設置するようにする

② ショップのキャッチコピー

キャッチコピーは、ショップ名やロゴ画像の説明を補完する形で、「何を売っているお店なのか」「ほしい商品はあるのか」を表現するようにしてください。キャッチコピーは長すぎてはいけません。短く簡潔に、それでいて顧客の興味を引くような言葉を選ぶようにしましょう。

キャッチコピーは、ショップ名のすぐそばに置くようにする

③ ショップのイメージ画像

ショップのトップページにアクセスしてきた顧客の目に最初に飛び込んでくるのが、イメージ画像です。「何を売っているお店か」「お店全体の雰囲気はどうか」を、瞬時につかめる画像を選びましょう。

トップページのイメージ画像はショップの印象を大きく左右する

④ 更新情報

活気あるショップであることをアピールするためには、「セール情報」「入荷情報」などの更新情報は欠かせません。できるだけこまめにアップするようにしましょう。その際、更新日、内容の概要は必ず記載してください。そして、概要をクリックすれば、更新したページを開けるように、リンクを張っておきましょう。

```
News & Topics 新着ニュース

●2014/10/25 【クリスマスケーキ受付スタート】

クリスマスケーキのご予約受付をスタートいたしました。
```

こまめな更新はリピーターの増加促進に効果があるほか、新規顧客にはショップの更新頻度の高さが伝わる

⑤ 商品カテゴリーメニュー

ショップの目的は、顧客に商品を購入してもらうことにあります。**商品は用途や種類、値段、お悩み別などでカテゴリーわけして、顧客が目当ての商品を探しやすいようにしておきましょう。**

⑥ 人気商品ランキング

「商品カテゴリー」のメニューとは別に、「**人気商品ランキング**」のコーナーも設けるようにしましょう。商品ランキングを掲載することで、「多くの人が選んでいるから、大丈夫」と思わせることができ、買おうかどうか迷っている顧客の背中を押すことができます。簡単に作れるのもメリットです。

月替わりもしくは季節ごとに、売れ筋を見せていくようにすると効果的

⑦ 送料・決済方法

どのぐらいの送料がかかるのか、決済方法はどのようなものがあるのか、これらは顧客にとって、非常に気になる情報です。こうした情報は**フッター部分でよいので、必ず明記するようにしてください。** また、ショップで「○円以上購入すれば、送料無料」といったサービスを実施しているのであれば、必ず載せておきましょう。

ドイツキッチン雑貨のセレクトショップ Leaf & Moon（リーフアンドムーン）
URL http://shop.leafandmoon.com/

送料は表組み、決済方法はアイコンで見せて、ひと目で分かるように

⑧ 営業カレンダー

ショップが「24時間・年中無休」で稼動していない限り、**いつがお休みなのか、顧客にはきちんと伝えなければなりません**。こちらは定休日のつもりでも、それが顧客に伝わっていなければ、商品の問い合わせのやりとりすらスムーズにできないショップという印象を与えてしまいます。

カレンダーを設置し、休みの日を表示するというやり方もよい

⑨ コミュニケーション機能

初めての顧客は、あなたのショップがどのようなネットショップなのか警戒しています。安心感を持ってもらうためには、顧客との接点が重要です。Facebookページなどの SNSやブログ、メールマガジンなどを利用し、**顧客との接点を増やして、集客力アップをはかりましょう**。また最近では、Instagramなど**写真共有サービス**を設置するネットショップが増加傾向にあります。

顧客との接点を増やすサービス

- Facebookページ
- Twitter
- Instagram
- メールマガジン

Instagram
URL https://instagram.com/

Q&A　SNSと自社サイトの活用方法は？

SNSは、自分のサイトへ顧客を誘導するための集客手段の1つです。セールスの告知や、ショップのこだわりのポイントなど、顧客にとってメリットのある内容を投稿することによって、顧客に幅広くアプローチすることができます。ネットショップのSNS活用法については、Sec.74も参考にしましょう。

Section 36 トップページを4つのエリアにわけて考えよう

トップページのレイアウトを考える前に、まずはトップページを4つの要素に分割してみましょう。トップページの基本的なレイアウトがぐんと分かりやすくなります。それぞれのエリアについて、まずはどのような役割があるのか理解しましょう。

4つのエリアとそれぞれの役割

Sec.35ではトップページに必要な要素を洗い出しました。あとはこの要素をWebページに配置するだけ……といきたいところですが、初めはどのように考えればよいのか、なかなか見当が付かないものです。そこで、簡単にイメージできるように、トップページを下の図のように4つのエリアにわけてみましょう。トップページには、「看板」「ナビゲーションエリア」「コンテンツエリア」「フッターエリア」の4エリアがあります。

トップページの4つのエリアの位置

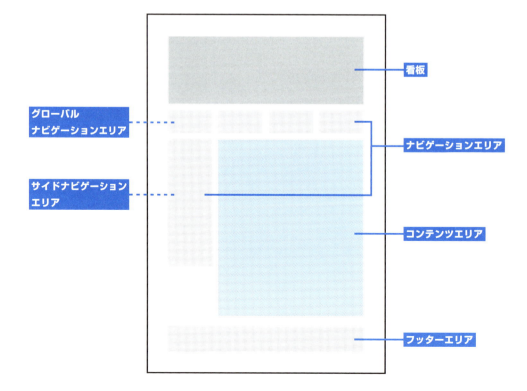

📁 看板

「看板」とは、ショップの名前を紹介する画像やテキストを表示する場所です。多くのショップでは、「看板」をすべてのページにも設置しています。顧客はトップページから移動してくるとは限らないため、どのページから来た顧客にも、ここが何というショップで、どういったジャンルの商品を取り扱っているのか明確に分かるようにしておく必要があるからです。

📁 ナビゲーションエリア

看板の下とWebサイトの左側には、「ナビゲーションエリア」が入ります。ナビゲーションエリアでは、顧客が目的のページにスムーズにたどり着くためのサポートを行います。

顧客はなかなか目的のページにたどり着くことができないと、不親切なサイトという評価を下し、ほかのショップに移動してしまいます。そのため、ナビゲーションエリアは、すべてのページでも常に表示しています。

なお、ナビゲーションエリアは「グローバルナビゲーション」と「サイドナビゲーション」の2つのエリアにわけることができます。

📁 コンテンツエリア

「コンテンツエリア」は、Webページのメインとなる箇所です。「コンテンツエリア」の充実度で、ショップの評価が決まります。第3章で作った商品ページもここに入ります。トップページでは、おすすめ商品のアピールや、取り扱い商品の紹介を行います。その際、コンテンツエリアから、次のページをクリックしたいと思わせるような作りにしましょう。スーパーのチラシのようなイメージです。

📁 フッターエリア

「フッターエリア」では、見られる機会は少ないものの絶対に外せない情報を入れておきます。代金の支払い方法や送料についてなどがそれにあたります。代金の支払いにはどういう種類があるのか、送料はいくらかかるのか、また発送スケジュールはどうなっているのか、詳しく記載することで、ネットショップに対しての安心感が得られます。

Section 37 ファーストビューで顧客をショップに引き付けよう

仕事や恋愛と同じく、ネットショップも第一印象が大切です。Webサイトでは、顧客が初めに目にする「ファーストビュー」で第一印象はおおよそ決まります。ここでは、ファーストビューの効果を高める施策を2点紹介します。

ファーストビューとは

ファーストビューとは、Webページを開いたとき、ブラウザで最初に表示される範囲のことです。ファーストビューで興味・関心を持たせられないと、顧客はページを閉じてしまうため、非常に重要な要素といえます。

トップページを開いたとき、ファーストビューで、①顧客に次のアクションを促す、②どのような商品を取り扱っているかが瞬時に分かる、③ほしい商品はあるか、ターゲットとする顧客が瞬時に感じ取れる、といったポイントにきちんと応えられるか確かめてみましょう（P.122参照）。

表示されるページのサイズは、ディスプレイのサイズを前提に考えましょう。さまざまな大きさがありますが、ノートパソコンで一般的となっているSXGA（1280×1024ピクセル）、WXGA（1280×800や1366×768ピクセル）を前提にして考えるとよいでしょう。

resizeMyBrowser
URL http://resizemybrowser.com/

ブラウザの表示サイズを確認することができるWebサービス。サイトにアクセスし表示されている画面サイズのボタンを押すと、選択したサイズがブラウザで表示される。ブラウザの大きさを決め、自分のサイトを表示すれば、画面サイズごとにどのように表示されるかが確認できる

① 大きな商品画像を見せる

　一般的に用いられるのが、ファーストビューで大きな商品画像を見せて、ショップのイメージや取り扱い商品を喚起させるという方法です。たとえば、「産地直送の限定商品がウリ」といったような、**ほかのショップにはない主力商品を持ったショップでは、とくに有効なテクニック**です。顧客に「プッシュした商品のショップ」だということを強くイメージ付けることができます。

向いているショップ	期待できる効果
・地域限定商品がある ・オリジナル商品がある ・看板商品がある	・強い「引き」がある ・個性をアピールできる ・印象に残りやすい

大きな画像で、特定の商品をプッシュする

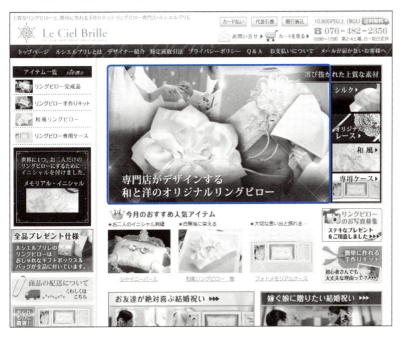

Le Ciel Brille
URL http://lcbshop.jp/

> **Memo　3秒間で顧客を引き付ける**
>
> 顧客がサイトに価値があるかどうか判断する時間は、3秒といわれています。大きく魅力的な商品画像を見せることで、3秒間で顧客の注目をぐっと引き付けることができます。

② 多彩な商品ラインナップを見せる

これといった主力商品がないかわりに、特定のジャンルには強いというショップもあるかと思います。たとえば、「時計というジャンルに強い」と思わせたいときは、ファーストビューであえて複数の商品を並列的に紹介するのもよいでしょう。大きな商品を掲載したときのような強いインパクトは与えられませんが、幅広いラインナップを揃える専門店というイメージを伝えることができます。

向いているショップ
- 得意なジャンルがある
- ラインナップが豊富
- 専門家がいる

期待できる効果
- 専門店と認識してもらえる
- 商品数で勝負できる
- 幅広い層にアピールできる

ラインナップの幅広さで専門性の高さをアピール

正美堂
URL http://www.syohbido.co.jp/

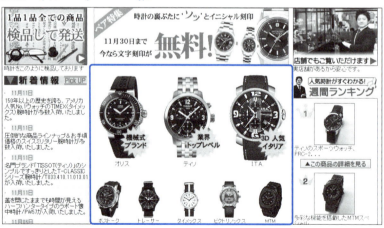

専門店として、品揃えが豊富であることを顧客にアピールするのも、ファーストビューの有効な活用方法

Memo 第三者の意見を参考に

いろんなショップのファーストビューを友人・知人と一緒に見てみましょう。100％顧客の立場から見てもらうことで、初めて気付けることもあります。もし反応が鈍ければ、そのファーストビューでは、顧客の心をつかめないということです。意見を聞いて修正しましょう。

Section 38 お店の"看板"を演出しよう

トップページがネットショップの店構えを表すものだとすれば、ショップ名の"看板"はのぼり、のれんです。ショップの雰囲気とともに、名前を認識してもらうにはどのような工夫が必要でしょうか。3パターンの看板をそれぞれ見てみましょう。

看板を作る3つのパターン

看板には、主に3つのパターンがあります。1つ目はロゴを左側に配置し、右側に送料・決済方法を入れるパターンです。2つ目は、ロゴとともに連絡先・カートを入れるパターンです。3つ目は、ロゴとカートを入れるパターンです。大切なのは「何を売っているか」と「何という名前のショップなのか」が分かることです。どのパターンで看板を作る場合も、この2つの要素は必ず満たしておく必要があります。

左側にロゴ、右側に送料・決済方法

左側にロゴ、右側に連絡先とカート

左側にロゴ、右側にカート

Section 39 コンテンツエリアで顧客をお店の中に呼び込もう

ファーストビューと看板で興味を持ってくれた顧客は、コンテンツエリアに目をとおします。そこから、商品ページに誘導するにはどうすればよいでしょうか。ここではコンテンツエリアの役割とともに、商品ページにアクセスしてもらうための施策もあわせて紹介します。

コンテンツエリアの役割とは

トップページにおけるコンテンツエリアの役割は、**ショップに興味を持った顧客を商品・情報ページへと誘導すること**です。そのためには、できるだけ多くの商品を紹介する必要があります。

しかし、ただ商品を並べるだけではあまり効果がありません。なぜこの商品がトップページで紹介されているのか――そこに意味がなければ、顧客の注目を引き付けることはできません。**「店長のおすすめ」「よく買われている人気商品」など、紹介することに何かしら意味を持たせること**が、有限のスペースで多くの商品数を効果的に紹介できるテクニックにつながるのです。

ランキングを活用しよう

コンテンツエリアに何を入れるか迷ったとき、とりあえず入れておきたいのが、ショップでの**人気ランキング**です。ランキングはどのようなショップでも入れることができますし、派手さがあるので顧客の目も引けます。また、「人気の商品＝安心」と多くの顧客は考えています。人気商品をアピールすることで、どの商品を買おうか迷っている顧客の背中を押すことができます。

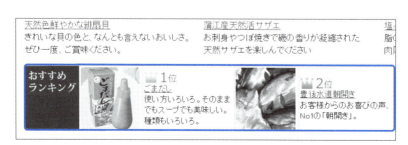

さいきりーふ
URL http://www.saikileaf.net/

🏠 イベント企画で目を引こう

「おすすめ商品・目玉商品」は、必ずコンテンツエリアに入れるようにしてください。単におすすめの商品を並べるだけではおもしろくないので、ジャンル別、あるいはシーン別に商品を紹介するのもよいでしょう。また、クリスマスやお正月、バレンタインデーなど、季節ものの企画も顧客の目を引きます。

ハイトリー
URL http://www.rakuten.ne.jp/gold/high-tree/

季節に合った企画を用意する

木のおもちゃ デポー
URL http://www.depot-net.com/

イベントの内容に合った画像を作成してアピールする方法もある

Q&A ランキング・イベント以外で、商品を紹介するにはどうしたらよいでしょうか。

たとえば、専門店であれば、初心者向けの商品をセットにして紹介するのもよいでしょう。また、プレゼントの需要が多いのであれば、誕生日向けなど、用途別に紹介していきましょう。

Section 40 ナビゲーションでショップの機能性を高めよう

ナビゲーションエリアは、ショップの使い勝手の善し悪しを決めるポイントです。名脇役としてナビゲーションエリアを活用することができれば、ショップの魅力も引き立ちます。グローバルナビゲーションとサイドナビゲーションの違いについても理解しましょう。

ナビゲーションエリアの役割とは

ショップ内のナビゲーションはすべてのページに表示される要素で、顧客がページを移動する際の指針となる重要な役割を担っています。**顧客は必ずしもトップページからショップに訪れるとは限りません**。そのとき、目的の商品ページへと移動するには、ナビゲーションが不可欠となります。また、ナビゲーションエリアはページ上部とページ左の2箇所にあり、それぞれで異なる役割を持っています。

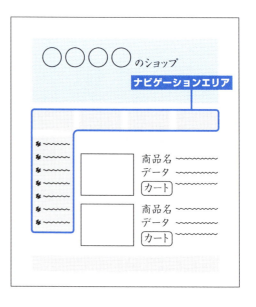

ナビゲーションエリアの目的

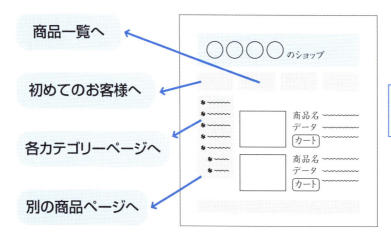

あれ？ いきなり商品ページだ。行きたいページは……

🛒 サービス・運営者に関して説明する グローバルナビゲーション

　ページ上部に表示されるグローバルナビゲーションには、ネットショップ運営会社の概要や、カートの内容を確認できるページへのリンクが掲載されています。ネットショップを利用していると、ショップ運営者に関する情報やカート内容を確認したくなることがあるはずです。そういったページへのリンクを常に用意しておくのもナビゲーションの役割です。

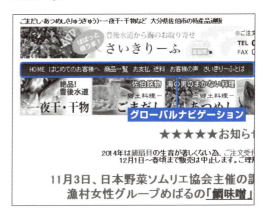

さいきりーふ
URL http://www.saikileaf.net/

グローバルナビゲーションの表示例

- トップページ
- 送料・お支払い方法
- 会社概要
- 買いものかご（＝カート）
- 初めての方へ

🛒 商品ページへのリンクを持つサイドナビゲーション

　ページ左に表示されるサイドナビゲーションは、商品ページへのリンクを表示しています。別の商品ページにダイレクトに移動したいときや、各カテゴリの商品を確認したいときに利用します。商品をおおまかにカテゴライズすることで、サイト全体の構造をイメージ化させることにも一役買っています。

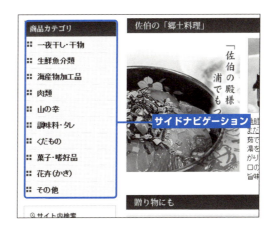

サイドナビゲーションの表示例

- 商品カテゴリ
- 用途別
- 各カテゴリの商品名
- お悩み別
- 予算別
- シーン別

Section 41 トップページのラフを描こう

ここまで学んできたことの総復習として、トップページのラフを描いてみましょう。どういった手順で書き、どういったことに気を付ければよいのか、見ていきましょう。難しく考えず、まずは手書きでもよいので書いてみることが大切です。

描き方の基本は商品ページと同じ

トップページは、基本的には、商品ページと同じ描き方をしていきます。まずは、「看板」「ナビゲーションエリア」「コンテンツエリア」「フッターエリア」の4つエリアという大枠を作ります。そこにどのような要素が当てはまるのか、箇条書きでかまわないので、リストアップしていきましょう。そして、リストアップした要素をどのように見せれば効果的か考えながら、トップページに配置していきます。「コンテンツエリア」はトップページの中心になるので、顧客にアピールできるように大きくレイアウトしましょう。

商品ページとの統一感も考える

木のおもちゃ デポー
URL http://www.depot-net.com/

トップページ

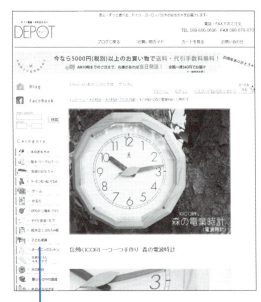
商品ページ

6 トップページでお店の第一印象を変えよう

トップページのラフ見本

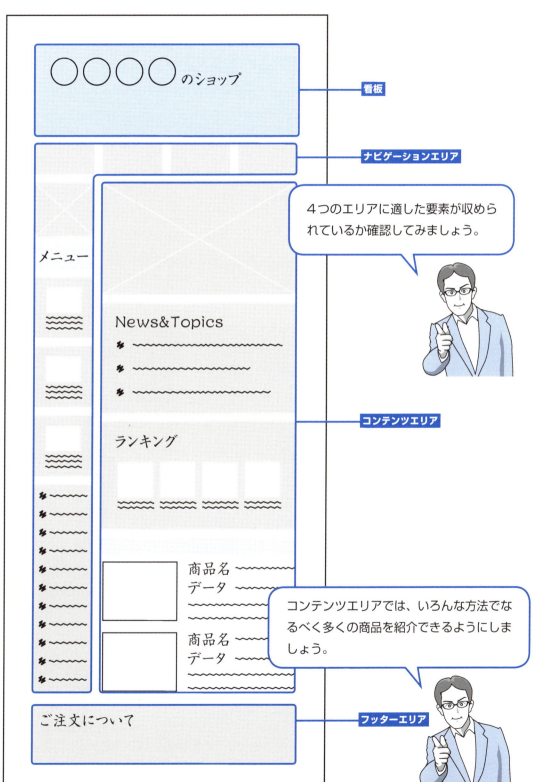

Section 42 ほかのショップから見えてくるトップページ作りのコツ

トップページ作りに迷ったときは、ほかのショップのトップページを参考にしましょう。同業、他業に関わらず、人気ショップにはそれなりの理由があるはずです。そういった人気ショップは、人気ショップのランキングやネットショップのコンテストなどで探すと効率的です。

人気ショップのトップページを分析する4項目

売れているショップには理由があります。同じ業界でなくても、参考になる点は多いはずです。人気ショップにアクセスし、以下の4項目をチェックしましょう。

🛒 Point1　ショップ名とロゴ画像

ショップ名は、「何を売っているお店か」が瞬時に分かり、なおかつ、インパクトのある名前のものがほとんどではないでしょうか。人気サイトのショップ名は、ネーミングの参考になるでしょう。

また、ショップ名を彩るロゴ画像も大切です。予算があるなら、プロのデザイナーに頼むとよいでしょう。その際、気に入ったロゴ画像があれば、そのままデザイナーに渡すと、イメージを伝えやすいでしょう。

🛒 Point2　ショップのキャッチコピー

よいショップのキャッチコピーは、ショップの"ウリ"が前面に伝わってくる内容になっています。商品ページのときとは異なり、いくつもの商品を抱えた「ショップ」の全体像を紹介する必要があります。

> **Q&A**　ショップの運営にも慣れてきたので、トップページをもう一工夫してみたいのですが、何かよいアイデアはないでしょうか。
>
> P.122で説明した、トップページの3つの役割にきちんと対応できているか確認してみましょう。とくに3つ目の「ターゲット顧客に感じ取ってもらうこと」に注目すると、改善点が見えてくるのではないでしょうか。

🛒 Point3　ショップのイメージ画像

ショップのイメージ画像は、「何を売っているお店か」「お店全体の雰囲気はどうか」が瞬時につかめる画像になっているはずです。しかし、1枚のイメージ画像でショップ全体のイメージを表すのは大変です。そこで人気ショップでは、キャッチコピーとうまく関連付けてイメージ画像を掲載しています。

🛒 Point4　商品カテゴリーメニュー

価格やシーンを問わず、いかなる顧客の目的や用途にも対応できるのが、よいショップのカテゴリーメニューです。また、人の目の動きにも配慮しています。たとえば、縦書きのサイトの場合は、右から左に、横書きのサイトの場合は左から右へと、人の目は動きます。多くのショップは横書きです。そのため、人気ショップはトップページの左側に商品カテゴリーを設置しています。

人気ショップを効率よく探す

トップページ作りの参考にするショップは、人気ショップのランキングなどから探してみるとよいでしょう。同じ商品を扱っているショップでなくてもかまいません。上位のショップを見比べれば、顧客がショップのどこに魅力を感じているのかが分かるでしょう。

全国の本店サイトから選ばれるネットショップ大賞
URL http://estore.co.jp/award/2013/

Eストアーショップサーブ利用のネットショップから選ばれたトップサイト

楽天市場 ショップ・オブ・ザ・イヤー 2014
URL http://event.rakuten.co.jp/soyshop/

楽天市場4万店以上の中から選ばれたベストショップ

ECショップホームページコンテスト（エビス大賞）
URL http://www.ebs-net.or.jp/hp_contest2014_result.html

イーコマース事業協会主催のECショップホームページコンテスト

カラーミーショップ大賞 2014
URL http://shop-pro.jp/award2014

6万店舗の中から優秀なショップを発表

Column

トップページの配色でショップイメージが決まる

　Webページ作りで大事なポイントがもう1つあります。それは"色"です。
　メインカラーの選び方については、抑えておきたい3つのポイントがあります。1つ目は、顧客のイメージに近いカラーを選ぶこと、2つ目は、ショップがアピールしたいことを表現してくれる色を選ぶこと、3つ目は色を使い過ぎないことです。
　人気のショップを見てみると、同じターゲット・同じ商品を扱うショップは、配色が似通ってきていることに気が付くのではないかと思います。自分のショップと同じジャンルのランキング上位ショップを参考にすれば、コンセプトに最適な配色を知ることができるのです。

参考サイト&参考書籍

「ウェブ配色ツール Ver2.0」 URL http://www.color-fortuna.com/color_scheme_genelator2/
「配色イメージワーク」小林 重順（著），日本カラーデザイン研究所（編）

6章のチェックポイント

	Yes	No
トップページの役割を理解した	☐	☐
トップページの必要要素を理解した	☐	☐
ファーストビューついて理解した	☐	☐
看板について理解した	☐	☐
コンテンツエリアについて理解した	☐	☐
ナビゲーションエリアについて理解した	☐	☐
トップページのラフを書いた	☐	☐

第 **7** 章

写真とバナーを作って、ショップに命を吹き込もう

売れるショップは商品の写真撮影がうまい	144
デジタルカメラの基本操作をマスターしよう	146
背景と商品の置き方を工夫して商品を演出しよう	150
画像編集ソフトを使って撮影した写真を洗練させよう	152
クリックされるバナー作り	156

Section 43 売れるショップは商品の写真撮影がうまい

文章がうまくても、商品写真が悪いと、顧客の購買意欲はなくなってしまいます。商品写真は、ネットショップが力を入れるべき重要なポイントです。ここでは、上手に商品を撮影するために必要な機材と、機材選びのポイントを説明します。

① 商品のメリットを伝える写真を撮る

ネットショップでは、商品を直接手にとって確かめることができません。そのため、顧客は情報の大部分を写真で補完します。売れているネットショップが写真に力を入れるのも、ここに理由があります。人気ネットショップの商品写真を見てみると、商品を使用したときのイメージや雰囲気が伝わってくるのが感じられます。それは、単純に「写真がきれい」だという意味ではありません。商品を買ったらどのようなメリットが得られるのかをイメージで伝える――それこそがネットショップの写真に求められることなのです。

② 撮影に必要な機材を揃える

商品撮影に必要な機材は、デジタルカメラ（メディア含む）・三脚・ライト・レフ板・背景紙・小物類の6点です。レフ板とは、光を反射させて影になる部分を明るくする機材です。カメラの機材は、大手家電量販店のほか、ネットショップでも購入できます。

photo-zemi（フォトゼミ）ショッピング
URL http://photo-zemi.jp/shopping/

🧺 **ドーム型**

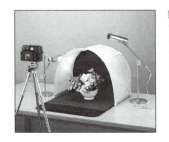

影ができにくいので、商品写真を切り抜きやすい。ブランド品などに向く

🧺 **ライトスタンド型**

陰影を調整して演出した写真が撮りやすい。シズル感や質感を伝えるのに向く

③ 各機材を購入する際のポイント

機材を購入する前に、各アイテムで抑えておきたいポイント、機能を確認しておきましょう。「こういう機材がほしい」と具体的にお店に伝えれば、スムーズに購入できます。

カメラの違い

・スマートフォンのカメラ機能

カメラレンズの性能が悪く、ソフトウェアの技術は高くなってきているものの、環境によっては画質が悪くなる、焦点を合わせる範囲を狭くできないなど、制約があります。

・コンパクトデジタルカメラ

最近は一眼レフと似た性能に近づき、自動設定の範囲内でよい写真が取れるようになってきています。ただし、質感のよい写真を取るには経験や知識が必要です。

・デジタル一眼レフカメラ

入門機からプロカメラマンが使うような機種まで幅広くあります。使い方さえ覚えれば、入門機であっても、質感のよい写真を撮影することができます。

ライト

スタンド型の撮影用ライトを使用すると、被写体に自然な陰影を付けることができます。購買意欲をそそる写真には必須です。

レフ板

銀紙や白い紙を貼った板や白い厚紙などで十分です。100円ショップで材料を買って、自作してもかまいません。

背景紙

写真の背景に置く紙です。グラデーションのかかった紙がオススメです。布製はシワが付きやすいので避けたほうが無難です。

三脚

雲台（カメラの向きを調整できる台）をそなえ、高さが胸まで調節できるものがオススメです。安定感のあるモデルを選びましょう。

小物類

お皿やグラスなどの小物を使って、商品の具体的なイメージを演出します。小物は100円ショップのものでも十分です。

Section 44 デジタルカメラの基本操作をマスターしよう

撮影機材の要であるデジタルカメラの基本機能について説明します。基本機能を覚えることが、購買意欲を湧かせる写真を撮る第一歩です。それぞれの基本機能について、覚えておくべきポイントを解説します。

① 露出補正 —画像の明るさを調整する

デジタルカメラは、自動的に明るさを調整して撮影してくれます。しかし、明るさの調整機能は完璧ではありません。場合によっては、全体が暗い写真になったり、白い商品がグレーに見えてしまう場合があります。そこで、画像の明るさを調節するために「露出補正」という機能を使います。露出補正は、商品撮影ではいちばん重要で、また必要不可欠な操作です。よく理解して、使用するカメラで機能を確認しておきましょう。

露出補正の調整ですが、白い商品は「＋」に、黒い商品は「－」に設定すると、実物に近い色の画像になります。また、商品の色合いや形状により写り方が変わるので、商品ごとに露出補正を行います。同じ商品でも何パターンか補正値を変更して撮影しておき、その中から正確な色が撮影できた画像を選ぶようにするとよいでしょう。

画像の明るさは、露出補正で調整できる

露出補正は、商品撮影ではいちばん重要で、また必要不可欠な操作です。

・画像を明るくする。　→　白いものを白く撮る。
・画像を暗くする。　→　黒いものを黒く撮る。

② ホワイトバランス ―画像の色を調整する

　ホワイトバランスは通常、オートの設定で正しい色が表示されます。しかし、写真の色が実際の色と違う場合は、「ホワイトバランス」の設定を変更して色味を調整します。

　ただし、**完全に商品の色を再現するのは難しい**、ということも知っておいてください。閲覧者ごとに色再現の異なるモニターでWebサイトを見るため、デジタルカメラの画像は**必ずしも意図したとおりに見えるとは限りません**。紺・エンジ・紫・ベージュなど、シックで落ち着いた色の再現はかなり難しいのです。画像の色を調整する場合、完璧を求めて時間や労力を費やすよりもある程度のところで妥協し、商品の色やイメージを言葉で補完するほうが、顧客が求めている情報を上手に伝えられると覚えておきましょう。どうしても色を重視する場合は、色見本を送付するという方法もあります。

　撮影の際の注意事項としては、光源を1種類に統一することが挙げられます。光源を1種類に絞った上で、「蛍光灯モード」や「日光モード」など、光源に合ったホワイトバランスを選択しましょう。

③ フォーカスロック ―ピントが合わないときの対処法

　シャッターを半押しすると対象にピントが合う機能を「**オートフォーカス**」といいます。しかし、商品と小物を一緒に撮影するときに小物にピントが合ってしまい、商品にうまくピントが合わないことがあります。こういうときは、まず商品にピントを合わせてから**フォーカスロック**をかけ、カメラと商品の距離を保ちながら目的の構図に移動します。

普通に撮ると手前のマグカップにピントが合ってしまう。紹介したいのは奥の商品

奥の商品にピントを合わせてフォーカスロックすると、マグカップありの構図でもうまく撮れる

④ ズーム —商品の見せ方

商品の見せ方により、W（広角［ワイド］）、T（望遠［テレ］）を使いわけましょう。「広角」は、接写で使うことで"歪み"が発生し、インパクトや迫力、ボリューム感を表現でき、食品やアクセサリーなどイメージ重視の商品に向いています。「望遠」は商品から離れて撮ることで、商品の形を歪みなく正確に写すことができます。商品の「何を見せたいか」によって使いわけましょう。

広角で撮影した画像

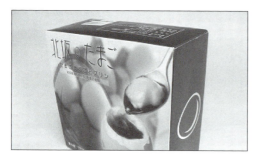

イメージ重視の商品では広角で撮影して雰囲気を出す

望遠で撮影した画像

イメージ重視の商品でも商品を正確に見せたい場合は望遠で撮影する

⑤ フラッシュ —フラッシュは発光禁止

カメラに内蔵されているフラッシュを使うと、商品の背景に濃い影が写り込んでしまいます。また、商品も平面的で味気なく見えてしまう場合が多いです。そのため、基本的に商品撮影でフラッシュは使用しません。商品をより魅力的に見せるための陰影など微妙な調整は、フラッシュを使うよりもスタンド型の撮影用ライトを使ったほうが簡単で、確実に行うことができます。

フラッシュを使った画像。正面からの強い光で商品は平面的、背後にも影が映り込む。商品に反射して光源が写ってしまう場合もある

撮影用ライトを使った画像。絶妙な陰影が商品の魅力を引き出している

4ステップ撮影法で商品写真を撮る

　カメラの基本的な使い方を覚えたら、実際に商品写真を撮影してみましょう。写真を撮影するまでの流れは、下の図のように4つのステップにわけて作業を進めてみましょう。

4ステップ撮影法（マフィンを例にした場合）

Step 1　参考写真を選定する
雑誌や楽天市場のランキング上位ショップから、参考にしたい写真を探します。掲載してみたいと思う写真を選んでみましょう。

Step 2　背景の小物を参考にする
参考写真にはお皿、ナイフ、ティーポット、カップ、背景の緑が小物として写っています。これらの小物を揃えてください。

Step 3　構図の配置を参考にする
参考写真の構図を参考に商品と小物を置いてください。カップの角度やナイフの位置など、細かなところにも気を付けましょう。

Step 4　ライトの当て方を参考にする
ライトがどの方向から当たっているかを見つけましょう。商品の影を見るとどこから光が当てられているかある程度推測できます。

お悩み解決! 先生からの3ポイントアドバイス

Q1 4ステップ撮影法をやってみたけど、同じ構図で撮れません。

A1 三脚から外してカメラを上下左右・遠近に動かします。カメラワークは、初めは大きく、構図が近づいてきたら、三脚に戻して小さく動かして調整するのがポイントです。

Q2 構図は大きめに撮って、あとで加工したほうがよいのでしょうか？

A2 構図をしっかり作って、切り抜きの必要ない写真を撮影するよう心がけてください。切り抜きや色・明るさの変更といった加工は、あくまで微調整に使います。

Q3 画素数が大きいほうが画像はきれいに撮れるでしょうか？

A3 モニターの画面サイズを画素数で表せば、フルHDで約200万画素、XGAで約80万画素といったところです。Webサイトでレイアウトすることも考えれば、それほど画素数の高い画像は必要ありません。80万画素程度で十分です。

Memo　マクロ（接写）モード

カメラの画角いっぱいに撮影したいとき、レンズを撮影対象に近づけてもピントが合わない場合があります。レンズを近づけて撮影することを「接写」といいますが、このような場合は「マクロ（接写）モード」に切り替えます。イヤリングのような小さなアクセサリーなどの接写の際には非常に効果的です。

Section 45 背景と商品の置き方を工夫して商品を演出しよう

商品を上手に撮れるようになったら、小物や背景を工夫して商品を演出することで見る人に、より商品を使用するイメージを湧かせましょう。ここで解説するポイントを抑えるだけで、商品写真の魅力を高めることができます。

背景を整える ―何よりもまず背景

撮影するときには、商品の背景によけいなものが写ってはいけません。

撮影の際は、背景紙を設置して商品のみを映すようにします。布はしわや折り目が目立ちやすいため、背景として使うのはあまりおすすめできません。紙を使って背景を構成するようにしましょう。また、伝えたいイメージに合わせて、背景紙の色も使いわけるようにしましょう。

背景紙の設置例

写真の目的を明確に

きちんとした目的を持って撮った写真は、見る人にメッセージを伝えることができます。たとえば、商品全体を正確に見せたいなら、遠目から全体を映すように撮ります。特定の部位を強調したいなら、アップして撮影したほうがよいでしょう。大切なのは、1つの写真に"おいしい"、"価格が割安"、"デザインがスマート"など複数の目的を持たせないことです。1枚の写真に込める目的を1つにすることで、写真の持つメッセージが明確に伝わるのです。

Q&A 商品を「かわいい」「さわやか」「高級」なイメージで見せるためには、背景にそれぞれどのような色を使ったらよいでしょうか？

かわいい印象を見せるためにはピンク、さわやかな印象なら青、高級感を演出したいときは黒の背景を用いるとよいでしょう。商品から伝えたいイメージに合う色を使いましょう。

目的やキャッチコピーに合わせて構図を変えて写真を撮る

キャッチコピー「カラフルマカロン」
全体のレイアウトを見せたいときは遠目から撮影する

キャッチコピー「サクッて中はふんわり」
デザイン上のポイントとなる特定の部分は、近くからアップで撮る

キャッチコピー
「お子様も安心して食べられます」
おいしく食べる場面を見せたいときは、商品と人が見えるように

脇役を使って商品を演出する

　商品紹介のメインとなる大きな写真には、魅力を引き立て、具体的なイメージを喚起する脇役が不可欠です。食材なら食器を使って盛り付け例を作る、衣類ならほかのパーツと組み合わせてコーディネイト例を提案するといった具合に、顧客が商品の使用イメージを写真からくみ取れるようにしましょう。

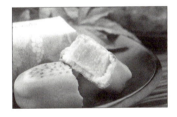
おいしそうに見せるために器や盛り付けをした

季節感を伝えるために、季節の植物をちりばめた

いろいろな商品を組み合わせて、楽しみ方を提案する

商品の置き方を工夫する

　商品自体にも魅力的に見せるための演出が必要です。顧客の目を引くためには、証明写真ではなくポートレートのように、商品にポーズを付けて見せる工夫を施します。といっても、商品が実際にポーズを取ってくれるわけではありません。そこで、商品を「ナナメ」に置いてみましょう。常識にとらわれない商品の置き方に、顧客の目は止まります。

商品をナナメに置いて顧客の目を引き付ける

Section 46 画像編集ソフトを使って撮影した写真を洗練させよう

デジタルカメラで撮影した画像を、画像編集ソフトで少し加工するだけで、とても商品の見栄えがよくなります。もちろん、売り上げにも影響します。ここでは高価な画像編集ソフトではなく、インターネット上の無料サービスを使う方法を紹介します。

7 写真とバナーを作って、ショップに命を吹き込もう

どのような画像編集ソフトを使うべきか

　画像編集ソフトを使えば、デジタルカメラで撮影した画像を手軽に修正することができます。画像をトリミングして構図を変えたり、明るさや色味を修正することで、見栄えのよい画像を作ることができます。画像修正ソフトは、プロが使用する「Adobe Photoshop」の場合は10万円近くもしますが、無料で利用できる画像編集サービスやソフトもたくさんあります。ネットショップに掲載する商品の画像を加工する目的であれば、フリーソフトウェアの画像編集ソフトでも機能的には十分です。まずは、フリーソフトウェアで画像編集にトライしてみましょう。

画像は画像編集ソフトで加工できる

明るさを調整する

トリミング（切り出す加工）をして構図を変える

色味を調整する

画像のファイル形式を変更する

ネットショップ

Pixlr Editorを使ってみよう

　Pixlr Editorはブラウザ上で利用できる画像編集ツールです。インターネットに接続されているパソコンであれば、ソフトをインストールすることなく、無料で利用することができます。操作方法は、Adobe Photoshopと似ており、基本的な機能も同じです。最新版のPhotoshopに搭載されている高度な編集機能はありませんが、過去のバージョンと同等の機能が搭載されています。Photoshopを導入する前に操作法を学んだり、基本機能を確認するためにも使えます。

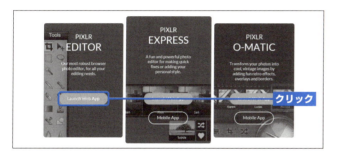

1 Pixlr（http://pixlr.com）にアクセスし、「Pixlr Editor」を起動するため「Launch Web App」をクリックします。

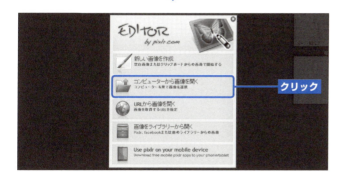

2 ブラウザの表示がPixlr Editorに切り替わります。中央に表示されるメニューの「コンピューターから画像を開く」をクリックし、加工する画像を選択します。

3 画像が開きます。上部のメニューバー、左側のツールボックスから操作を行います。右側には、ナビゲーター、レイヤー、履歴と、操作の情報が表示されます。このインターフェースはPhotoshopとまったく同じです。

トリミングをしよう

画像データの一部を切り抜いて構図を変えることを「トリミング」といいます。トリミングを行うことで、よけいなものが写っている部分を削除したり、画像内の商品の位置（構図）を変更することができます。

1. ツールボックスの🔲をクリックします。マウスポインターがトリミングの範囲指定のものに変わります。

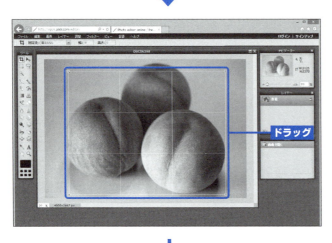

2. 切り取る範囲をドラッグして選択します。四隅にマウスポインターを置くと、選択範囲を変更することもできます。指定できたら、Enterを押します。

3. 選択した範囲の画像がトリミングされます。

画像にテキストを載せよう

Pixlr Editorでは、画像にテキストを載せることもできます。フォントや色、大きさも自由に変えられるので、バナー画像作りに利用してみるのもよいでしょう。

1. ツールボックスの A をクリックし、画面上の文字を入れたい部分をクリックします。

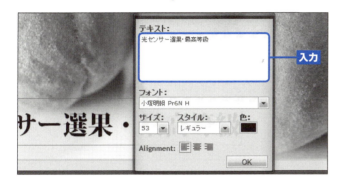

2. 文字ツールの画面が開きます。載せる言葉をテキストボックスに入力します。フォント、サイズなど、画面を見ながら選択できます。

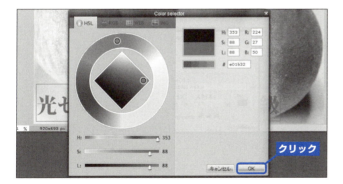

3. 文字の色は、パレットから選ぶほか、任意の色を自分で設定することもできます。「OK」をクリックすると、画像にテキストが載せられます。

4. 調整ができたらメニューから「ファイル」→「保存」を選択し、画像を保存します。

Section 47 クリックされるバナー作り

魅力的な画像でバナーを作っても、クリックされないバナーでは意味がありません。そこで、思わずクリックしてしまいたくなるバナーの作り方を覚えましょう。まずは、3種類のバナーの特徴を覚えて、実際に作成するときの注意点や、作成の流れを見ていきましょう。

代表的な3つのバナー

商品写真が撮影できたら、その写真をもとにバナー画像を作ってみましょう。バナーとは、目的のページへと誘導する役割を持つ画像のことです。リンク付きでよく用いられています。

バナーは、訪問者の目を引き付ける強い力を持っています。ネットショップの場合には、トップページや商品ページなどで、プッシュしたい情報・商品ページへ誘導するときに使うと効果的です。

3つのバナーの特徴・使いわけ

パターン1
左に画像、右に文字が配置されたパターンです。文字の部分の下地を白くして、文字を読みやすくしてあります

パターン2
横長の画像を使う場合、画像と文字を重ね、文字の下地に透明度が50%の帯を付けます。そうすることで、文字も画像も見えやすくなります

パターン3
パターン1に似ていますが、こちらは画像の背景色とバナーの余白の色を統一しています

バナーを作る上での注意

バナーを作る上で注意する原則が3つあります。これはいずれも文字、画像を見やすくするという点で共通しています。きれいなバナーでも、メッセージが伝わらなければ意味がありません。画像を見せたいのか、コピーを読ませたいのか、目的を明確にしてバナーを作ってください。

バナー3大原則
1. 商品に文字を重ねない
2. 薄い（濃い）背景には、濃い（薄い）文字を
3. 写真とキャッチコピーが連動する

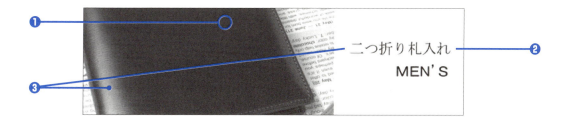

バナー作りの4ステップ

実際にバナーを作成する際も、写真を撮るときと同じように4つのステップにわけて考えてみましょう。参考にしたい画像を見つけ、それに近づけるように編集をくり返すことで、バナー作りのテクニックは磨かれていきます。

4つのステップでバナーを作る

Step 1　画像倉庫にバナーを集める

Webサイトを見ているときに、気になるバナーがあったらダウンロードして収集しておきましょう。「このバナー、クリックしたくなるな」というものを集めてください。

Step 2　同じサイズのバナーを探す

画像倉庫の中から、作りたいバナーと同じサイズの参考画像をピックアップしましょう。バナーのサイズには国際的な規格があるので、それに合わせてサイズを選びましょう。

Step 3　お手本と同じバナーを作る

お手本に選んだバナーの、文字の配置・フォント・色・構図を参考にして作ってみましょう。文字と写真、背景はそれぞれ別のレイヤーで作っておくのがポイントです。

Step 4　バナーの素材を差し替える

Step3で作ったバナーの写真とテキストを自分の商材用のものに差し替えます。レイヤーわけしてバナーを作っていると、素材の差し替えがスムーズに進みます。

Column

写真とキャッチコピーの連動を意識しよう

　受講生のホームページ製作過程でよく修正が入るのが、「写真とキャッチコピーの連動」です。たとえばキャッチコピーが「匠のこだわり」であれば、「匠のこだわり」が連想できる、こだわりの商品やサービスの写真を配置しないといけません。風景写真だとキャッチコピーと連動しないため、伝えたいメッセージが顧客まで届きません。

　こうしたことは実際に制作しているときには自分ではなかなか気付かないものです。顧客の目線に立って見直す、周りの人にもチェックしてもらうなどして、写真とキャッチコピーが連動しているか確認しましょう。また、写真と同様に、背景の色・イメージ、文字のフォントもキャッチコピーとの連動が必要です。

写真とキャッチコピーの改善例

キャッチコピー		写真(構図)		改善例
匠のこだわり	×	新緑の風景	→	職人と商品
6種のマカロン	×	1種類のマカロン	→	6種のマカロン
外はサクッと中はしっとり	×	ラッピングされた商品	→	商品の断面図
純国産のたまご	×	背景の英字新聞	→	日本を連想できるもの
愛犬の為のこだわりの家	×	家だけ	→	愛犬と家

✓ 7章のチェックポイント

	Yes	No
写真撮影の機材を準備した	☐	☐
デジタルカメラの基本機能を理解した	☐	☐
背景や撮り方を工夫して商品を演出した	☐	☐
画像編集ソフトの使い方を理解した	☐	☐
バナー作りのポイントを理解した	☐	☐

第 8 章

自分でネットショップを作ろう

ショップは自分で作るべき？外注すべき？	160
ネットショップに必要なページを考えよう	162
「Jimdo」を使って自分でショップサイトを作ってみよう	164
「Jimdo」に登録しよう	166
ラフをもとにトップページを作ってみよう	168
商品ページを作ってみよう	172
ナビゲーションと階層を整理しよう	176
ネットショップの基本設定を入力しよう	178
利用規約を設定しよう	180
利用できる支払い方法を設定しよう	182
配送料を設定しよう	186
オープンの前に確認をしよう	187
誰もが使いやすいページを目指そう	188
よい制作会社の選び方とは	192
お互いが気持ちよく仕事をするための価格交渉術	194
作業分担とスケジュールを決めよう	196
ネットショップ開設後の更新について	198

Section 48

ショップは自分で作るべき？外注すべき？

ネットショップを作る場合、まずはWebサイトを自分で作成するのか、制作会社やデザイナーなどの外部スタッフに発注するかを、決める必要があります。また、自分では作れないページだけを外注するといった方法もあります。

それぞれのメリット、デメリットを理解しよう

「外注するよりも上手に（もしくは同等に）Webサイトを作るスキル・ノウハウがある」場合には、迷わず自分でショップを作るべきでしょう。反対に、「まったくWebサイトを作るスキル・ノウハウがない」場合には、外注するべきです。「ある程度自分でWebサイトを作ることはできるけど、それほど技術を持っているわけではない」場合が、自分で作るか、外注するか、いちばん悩むのではないでしょうか。

自分で作成するにしろ、外注するにしろ、それぞれメリット、デメリットがあります。「時間」「コスト」「クオリティ」それぞれの中で、何を優先するのかをよく考えて判断しましょう。

自分が何を優先するのかをよく考えよう

	自分で作る	外注する	一部外注する
時間	制作に時間をとられる	制作以外の販促や顧客サポートに時間が当てられる	外注するページによりある程度調節可能
コスト	実費以外の制作費がかからない	制作費がかかる	制作費がかかる
クオリティ	自分のスキル・ノウハウ次第	ある程度のクオリティは確保できる	コストを抑えつつ一定以上のクオリティを確保できる

スキルがある場合でも外注するメリット

自分でWebサイトを作成するスキル・ノウハウを持っている場合でも、「ショップのトップページやデザインのフォーマットだけは外注に頼む」形で外注を利用する方法もあります。ショップの顔でもあるトップページや、Webサイトのデザインのクオリティに直結するフォーマットをプロにしっかり作ってもらうことで、制作費は抑えながら、Webサイトのデザイン的な質を向上させることができます。制作の時間・コスト・クオリティのバランスがよく、一部を外注するのがおすすめです。

一部だけを外注するという選択肢もある

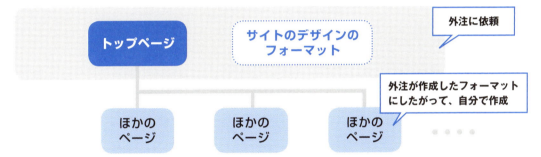

外注に丸投げはやめよう

自分にWebサイトを作成するスキル・ノウハウがない場合でも、すべてを外注に依頼するのは現実的ではありません。ショップのオープン時は一括で外注に作成してもらっても、商品の入れ替えや情報の追加、キャンペーンの実施など、臨機応変な対応ができるように、自分で更新作業ができるようにしておく必要があります。また、コストの点からもオープン後の更新作業はできるだけ自分でこなせるようにしましょう。

Section 49 ネットショップに必要なページを考えよう

Webサイトの構成を考えサイトマップを作成しましょう。商品ページやショッピングカートのほかにも、ネットショップとして不可欠なページがいくつかあります。必要なページを覚えた上で、ネットショップにブログやランディングページが必要な理由も見ていきましょう。

ネットショップに最低限必要なページをチェック

ネットショップのWebサイトに必要なページとしては、「トップページ」「コンテンツページ」「ランディングページ」「ブログ」「商品ページ」といったページがあります。

ネットショップの魅力を高めるコンテンツページやブログ

「コンテンツページ」と「ブログ」は、いわゆる「読みもの」のページです。「生産者のこだわり」など読みもののページとしての「コンテンツページ」は、いったん作れば更新する必要もなく、オリジナルコンテンツとしてSEOの観点からも有効といえます。また「ブログ」は、手軽に更新できることに加え、店舗が営業中であることを示してくれます。どちらも、訪れる顧客に信頼や親しみを持ってもらうために効果的なページです。

Webサービスでサイトマップを作成する

サイト構成を考えると、自ずとサイトマップができあがります。紙に手書きして作ってもよいのですが、ページを挿入したり削除する場合、書き直すことになり間違いや見落としが起きてしまう原因になります。サイトマップのような図を作成することのできるWebサービスを利用すれば、間違いの防止になる上、簡単に手早くサイトマップを作成することができます。

Cacoo
URL https://cacoo.com/lang/ja/

サイトマップなどの構成図が手早く描けるWebサービス。アカウント登録して無料で利用することができる

🛒 ネットショップに必要なページ

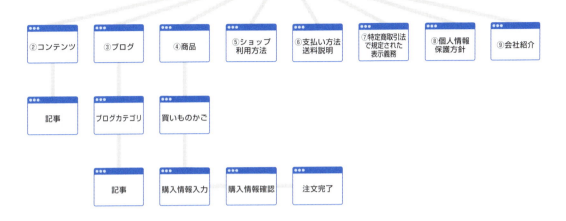

①トップページ	Webサイトへの入り口に当たるページ。各ページへのリンクなどを含み、サイト全体の顔としての役割を果たす。
②コンテンツページ	読みもののページ。「生産者のこだわり」や「生産地や工場などからのレポート」など、商品に付随した情報を提供。
③ブログ	日々更新することでWebサイトがアクティブになる。商品ページで紹介しきれなかった部分や感想などを記載し、商品の魅力を高めることが可能。
④商品ページ	商品の詳細ページ。カートボタン(買いものかご)が表示され、ショッピングカートへとつながる。商品をアピールするためのページ。
⑤ショップ利用方法	自分のネットショップの使い方についてのページ。業種によっては、商品の選び方やサイズの見かたなども説明。
⑥支払い方法、送料説明ページ	支払い方法、配送方法、送料などの説明。キャンセルや返品についてなどの内容も掲載する。
⑦特定商取引法で規定された表示義務に関するページ	ネットショップでは、消費者を保護するために定められた「特定商取引に関する表示」を掲載が必要。販売業者や責任者、支払い方法など、ほかのページと重複する内容も表示。
⑧個人情報保護方針に関するページ	顧客から入手した個人情報の利用方法について、明確にしておく。
⑨会社紹介ページ	会社名、所在地、連絡先などの基本情報を掲載。顧客の信頼度を高める。

Section 50

「Jimdo」を使って自分でショップサイトを作ってみよう

自分でサイトを作る場合、ホームページ作成ソフトを利用する方法が一般的です。また、ネットショップではショッピングカートシステムが必要になることを忘れてはいけません。ホームページ作成ソフトには、無料で利用できるものもあります。

ショップサイトを作成する方法

インターネット上のWebサイトの多くは、「HTML」というマークアップ言語で作成されています。ネットショップを自分で作成する場合、大きく「HTMLでコードを書いて作成する方法」と、「ホームページ作成ソフトを利用して作成する方法」があります。HTMLの知識があれば自分でコードを書いてショップサイトを作成してもよいでしょう。しかし、それだけの知識を身に付けるのは大変ですし、作成に時間もかかります。

そこで、HTMLの知識がなくても、簡単にWebサイトが作成できるホームページ作成ソフトを利用するとよいでしょう。

ショップサイトを作るならホームページ作成ソフトを利用しよう

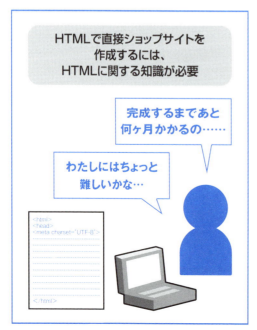

ネットショップにはカートが必要

ネットショップを作成するときに、忘れてはいけないのが注文を処理するショッピングカートシステムを用意することです。ショッピングカートは、ホスティングサービス（レンタルサーバー）が提供しているものを利用する、販売されているシステムを購入する、のいずれかから選びます。

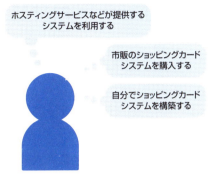

0円から利用できる「Jimdo」

ホームページ作成ソフトとショッピングカートシステムが同時に利用できれば、ネットショップ作りにとても便利です。ホームページ作成サービス「Jimdo」なら、無料で充実した機能が利用できます。Webサイトのデザインもあらかじめ用意されており、テンプレートを選んでコンテンツを入れるだけでネットショップを作成できます。また、デザインもシンプルで見やすいものが多く用意されているので、自分でネットショップを作成してみたい人におすすめのサービスです。

本書では、「Jimdo」を使ってショップを作成していきます。

Jimdo
URL http://jp.jimdo.com/

Q&A　ネットショップのWebサイトにショッピングカートシステムは必要でしょうか？

商品点数が少なく、注文数自体も少なければ、メールで注文を処理することも可能ですが、ショップの規模が大きくなったら、システムを活用したほうが、顧客と運営者どちらにとっても便利で快適です。

Section 51 「Jimdo」に登録しよう

機能の充実したホームページ作成ソフトとショッピングカートシステムを、メニューに合わせて無料から利用できる、「Jimdo」の登録方法を紹介します。独自ドメインを取得したい場合は、あらかじめ有料プランを選択して登録しましょう。

とても手軽に登録できる「Jimdo」

「Jimdo」には無料の「Free」コースと有料の「Pro」「Business」コースという3つのメニューがあります。ここでは、**「Free」コースの登録方法**を案内します。

1 Jimdo（http://jp.jimdo.com/）のサイトにアクセスし、「**無料でホームページ作成！**」をクリックします。

2 ページのデザインを選択します。カテゴリから「ショップ」を選べば、ネットショップ向けのデザインが表示されます。もちろんあとから変更することも可能です。画像から選択してクリックします。

3 **希望するホームページのアドレス**を入力し、**メールアドレスとパスワード**を登録します。メールアドレスは、必ず受信可能なものを設定します。

4 「利用規約」と「プライバシーステートメント」を確認してチェックを付け、「無料ホームページを登録！」をクリックすると画像認証が表示されます。文字を入力し、「無料ホームページを登録！」をクリックします。

5 入力したメールアドレスに登録情報が送信されます。「メールアドレスを確定」をクリックすると、登録完了です。

6 登録した URL を Web ブラウザで開くと選択したデザインのマイページが表示されます。

| Memo | 独自ドメインを取得予定なら、最初から有料プランで |

インターネット上の住所であるURLは、できるだけ変更のないようにしましょう。独自ドメインを取得するつもりなら、独自ドメインが使用できない「Free」コースではなく、最初から有料のプランで登録しましょう。

Section 52 ラフをもとにトップページを作ってみよう

自分で作成したラフをもとにして、ネットショップのトップページを作成してみましょう。「Jimdo」なら、レイアウトや画像、テキストの修正も簡単です。まずはトップページを作成して、Jimdoの操作方法に慣れておきましょう。

「Jimdo」でトップページを作ってみよう

　Sec.41で作成したトップページのラフをもとにして、Jimdoで実際にトップページを制作しましょう。Jimdoなら、メニューの表示に従いながら簡単な操作でトップページを作成することができます。

1 自分のページから、Jimdoにログインをしたら、左上の「レイアウト」メニューをクリックして、レイアウトを選択します。プレビューを見ながら選択します。選択してからもある程度カスタマイズすることができます。

2 ロゴをアップロードします。ロゴの場所にマウスポインターを置くと、操作メニューが表示され画像をアップロードすることができます。画像は、アップしてから表示位置や大きさなどの調整ができます。オリジナルの画像を登録したり、ショップ名を挿入したりできます。

3 左上メニューの「スタイル」をクリックして、テキストを調整します。調整したテキストをマウスポインターでクリックして選択します。フォントの種類やフォントサイズ、強調、表示位置など、細かく調整することができます。

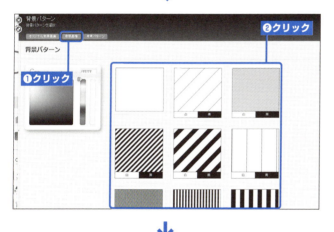

4 「スタイル」では、「背景」をクリックして、「背景パターン」または「背景画像」をクリックすることで背景を変更することができます。オリジナルの画像を登録することも可能です。

5 トップページに掲載するコンテンツをアップロードします。コンテンツを掲載する場所をクリックすると、「＋コンテンツを追加」の表示が出ます。オリジナルの画像を登録したり、テキストを挿入することができます。

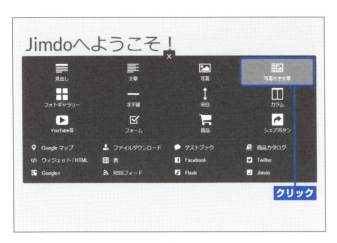

6 追加メニューから、追加したいものを選択してアップロードします。画像やテキストのほか、アイコンからさまざまなオブジェクトを選択することができます。ここでは、「**写真付き文章**」をクリックします。

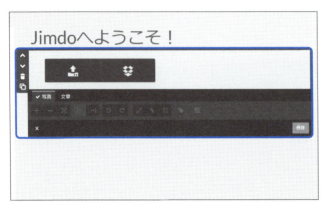

7 画像のアップロードとテキストの入力画面が表示されます。大きさや位置など、自由に設定することができます。

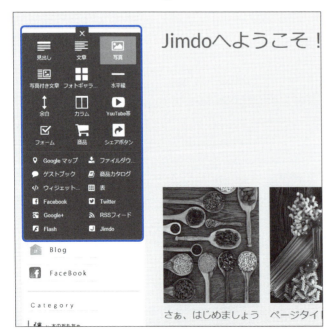

8 サイドナビゲーションを追加する場合には、コンテンツ同様、新項目を追加する「**＋コンテンツを追加**」をクリックすれば、新項目の編集メニューが表示されます。

9 トップページが完成したら、作成したトップページのラフと見比べて、内容に間違いがないかをチェックしましょう。

Q&A ラフで考えたようにコンテンツがきれいに配置できません。どうすればよいでしょうか。

ホームページに写真や文書を組み合わせた複雑なレイアウトを表示させるのは、慣れていないと難しいこともあります。そんな場合には、写真と文字を1枚の画像にしてそのまま掲載する方法もあります。ただし、その場合SEOの効果は弱まってしまいます。できるだけテキストで作れるようにがんばってみてください。

Section 53 商品ページを作ってみよう

「Jimdo」なら、商品ページも簡単に作成することができます。トップページが完成したら、続けて商品ページの作成にとりかかりましょう。商品ページに掲載する文章や写真は、第4章、第7章を参考にして、あらかじめ用意しておきましょう。

「Jimdo」で商品ページを作ってみよう

トップページと同じように、Jimdoで商品ページを作成してみましょう。

1 「ナビゲーション」にマウスポインターを置くと「ナビゲーションの編集」メニューが表示されます。メニューをクリックすると、「ナビゲーションの編集」ウィンドウが表示されます。

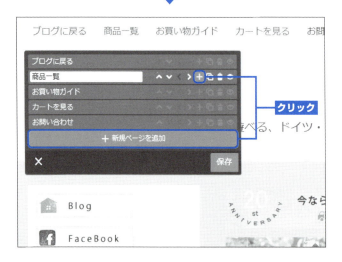

2 「＋新規ページを追加」ボタン、または、項目ごとにある「＋」ボタンをクリックして、新しい商品ページを追加します。「＋」ボタンの場合、選択した項目の下に新しいページとして挿入されます。

3 追加したページの階層を設定します（詳しい説明は Sec.54 参照。あとからでも変更は可能）。ページを追加したら、追加したページをクリックして開きます。

4 商品ページが表示されたら、「＋コンテンツの追加」をクリックし、「商品」をクリックします。引き続き、商品ページの作り込みの作業に入ります。

商品ページに文章を入力しよう

商品に関する文章を、実際に挿入してみましょう。

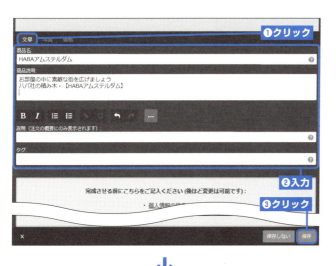

1 「文章」タブをクリックして、「商品名」「商品説明」「説明（注文の概要にのみ表示）」「タグ」を入力します。文字の太さやカラーを工夫して、アクセントを付けましょう。すべて入力が完了したら「保存」ボタンをクリックします。

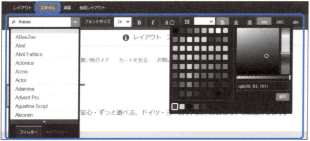

2 テキストは、メニューの「スタイル」から調整することもできます。「スタイル」からの調整では、ページ全体のテキストの変更となります。うまく使いわけるとよいでしょう。

商品ページに写真を掲載しよう

商品の写真を、商品ページに掲載しましょう。

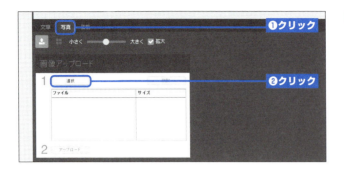

1 「写真」タブをクリックして、「画像アップロード」ウィンドウ内の「選択」ボタンをクリックしてデータを選択します。

2 写真を複数登録したい場合には、「選択」ボタンをクリックして、引き続き画像を登録します。

3 「アップロード」ボタンをクリックして、写真データをアップロードします。

Memo　商品の写真はできるだけ大きく掲載を!!

ネットショップの顧客は実際に商品を手にとって、細かい部分まで確認することができません。安心して購入してもらうためにも、商品の写真は、できるだけ大きめのサイズで掲載するようにしましょう。

価格情報を入力しよう

テキストや写真の掲載が完了したら、商品の価格を設定しましょう。

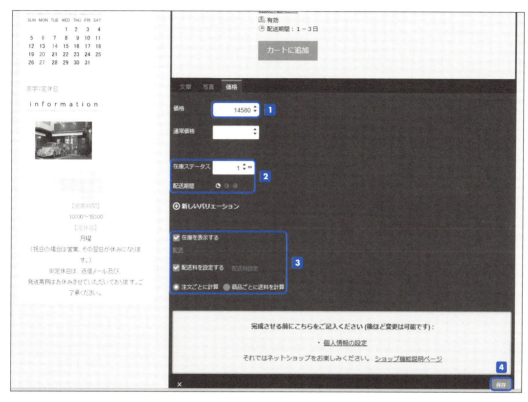

1 「価格」タブをクリックして、「価格」入力欄に価格を入力します。消費税は、Sec.55で設定しますが、ここでは税別価格を入力しておきます。

2 さらに、「在庫ステータス」「配送期間」を設定します。在庫数は、ショップのオープンまでは「0」でもかまいません。「新しいバリエーション」では、セール品など通常価格とは異なる場合の価格設定を登録しておくことができます。

3 「追加オプション」を開けば、在庫の表示や、配送料の設定ができます。

4 すべて設定が完了したら、「保存」ボタンをクリックします。

商品ページが完成したら、Sec.29の商品ページのチェックポイントを見て、内容に不足や間違いがないかをチェックしましょう。

Section 54 ナビゲーションと階層を整理しよう

利用のしやすいネットショップにするためには、ショップのナビゲーションと、サイトの階層をしっかり整理する必要があります。「Jimdo」では、ナビゲーションの編集も簡単に行えます。ただし、サイトの階層数には気を付けておきましょう。

ナビゲーションはサイトマップで決まる

　第1章のネットショップのWebサイトを企画する段階で、ツリー構造のWebサイトの全体像（サイトマップ）を作成しました（P.28参照）。実際にWebサイトを作成するときは、サイトマップに従って、ナビゲーションと階層ごとにページを作り込んでいくことになります。第1階層に並んでいるページをメインのナビゲーションに掲載し、以下の階層のページは、カテゴリーごとのナビゲーションに掲載することになります。つまり、サイトマップがしっかりできていないと、ナビゲーションが確定できないのです。

サイトマップにしたがってナビゲーションを作り込む

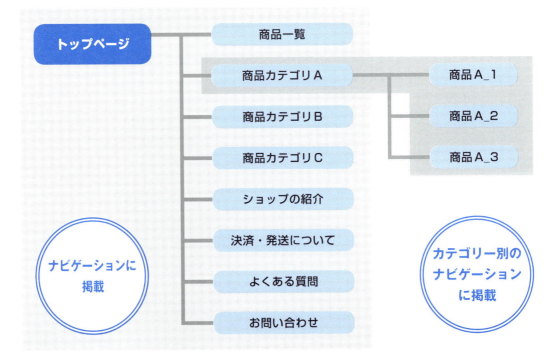

「Jimdo」でナビゲーションと階層を編集しよう

Jimdoで ナビゲーションを編集したり、ページの階層を変更してみましょう。

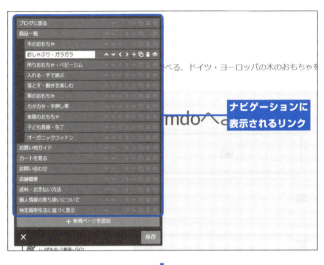

1 ナビゲーションにマウスポインターをあわせると表示される、「ナビゲーションの編集」ボタンをクリックすると、ナビゲーション編集用のウィンドウが表示されます。いちばん上の階層に設置されたページがトップのナビゲーションに掲載されます。ナビゲーション中の位置も変更できます。

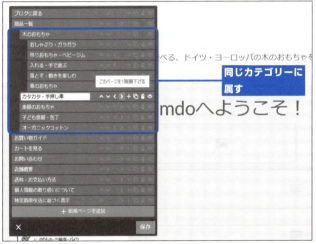

2 階層の変更も同じウィンドウ内で可能です。階層を < > を使って操作します。階層が下がると一段下がって表示され、ツリー構造と同じようになります。

Q&A 商品点数が増えるにつれて、どんどん階層が深くなってしまいます。どうすればよいでしょうか？

階層が深くなると、顧客が目当ての商品にたどりつくまでのページが増えてしまい、途中でページを離脱する可能性やSEOも不利になります。階層が深くなったカテゴリーは、2つにわけるなど最大3階層までに抑える工夫をしましょう。

Section 55

ネットショップの基本設定を入力しよう

商品を登録しただけでは、ショップはオープンできません。決済や発送などの必須情報を掲載しましょう。「Jimdo」では、メニューから選ぶだけで必要な情報を簡単に作成できます。プレースホルダー機能を有効に活用すると、制作の手間も軽減できます。

基本設定を入力しよう

企画段階で確定した、ネットショップの運営に必要な決済や発送などの基本的な設定を入力しましょう。

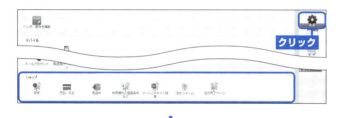

1. Jimdoにログインをしたら、右側のメニュー一覧から「設定」メニューをクリックしましょう。「ショップ」のサブメニューが表示されます。

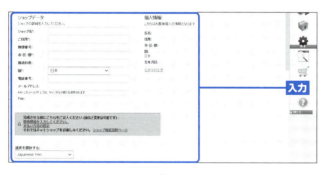

2. 「ショップ」のサブメニューから「設定」をクリックします。ショップの基本データを入力、「通貨」や「税率」「配送期間」などの情報を入力していきます。

3. 画面をスクロールしていくと、ショップが所在する「国」、「消費税」とその税率、税込／税別表示、「在庫の状態表示」などの項目が設定できます。

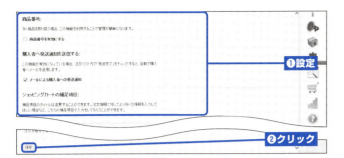

4 「配送にかかる日数」や、扱う商品を管理しやすくする「商品番号」の付加、「ショッピングカートの補足項目」など設定します。設定できたら、「保存」ボタンを押して設定を保存します。

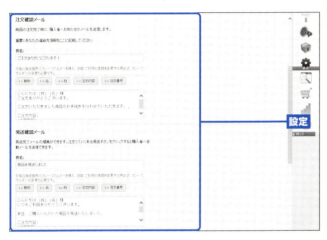

5 「ショップ」のサブメニューから「メールとテキスト設定」を開きます。顧客に自動的に返信するメールのテキストを登録することができます。

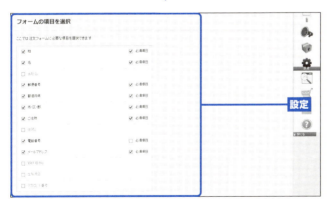

6 「ショップ」のサブメニュー「注文フォーム」では、ショッピングカートの入力フォームに表示する項目を設定することができます。

Memo　各ページに表示する情報はプレースホルダー機能で

「利用規約」など、すべての商品ページに掲載する情報は、一度の登録で全ページに設定できるプレースホルダー機能を活用しましょう。Jimdoなら「設定」メニュー内の「ショップ」サブメニューで対応できます。

Section 56 利用規約を設定しよう

顧客に安心して商品を購入してもらい、不要なトラブルを防ぐためには、「利用規約」や「返品に関する特約」を明記しましょう。ほかのネットショップの「利用規約」も参考にして、自分のショップに合った利用規約を考えましょう。

規約はしっかり明示しよう

「利用規約」のページを作成して、商品の販売や返品に関する規約を明示しておくことは、顧客に安心感を与えるだけでなく、ショップの運営者にとっても不要なトラブルを予防することができます。

また、ネットショップは「特定商取引法」によって、返品に関する特約を明示するように定められています。これらのことは必ず利用規約に明記しておきましょう。

特定商取引法ガイド
URL http://www.no-trouble.go.jp/

「特定商取引法」に関する情報が掲載されている消費者庁の運営するサイト

郵便局のネットショップ　利用規約
URL http://www.shop.jp-network.japanpost.jp/pc/html/site/terms.jsp

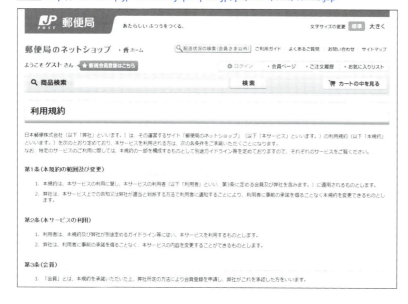

ネットショップに必要な利用規約が、項目ごとにわかれて表示されている

自分で規約を作成してみよう

利用規約を自分で作成する場合には、同業のネットショップの利用規約を参考にして、「自分の店はどのようなサービスを提供するのか」を考えて作成しましょう。以下に利用規約に記載する一般的な項目と、その内容についての一覧を掲載します。

規約に記載する事項と内容の例

- ● 特定商取引に関する法律にもとづく表示
  - ・ 販売者の概要
- ● 支払いについて
  - ・ 決済方法の種類と概要
  - ・ 各種手数料
  - ・ 領収書の発行
- ● 問い合わせについて
- ● 配送について
  - ・ 配送業者の種類と配送サービスの概要
  - ・ 配送エリアやサービスごとの送料
  - ・ 納期の目安
- ● 交換・返品について
  - ・ 交換・返品に関する規定

ネットショップの規約作りを外注する

ネットショップの規約を作成するもっとも手っ取り早い方法は外注です。規約文書の制作を請け負っている行政書士もいます。また、ショップ名を入力すればよいだけのひな形を購入するのもよいでしょう。安価で手軽に利用規約が作れます。

楽天ビジネスで外注先の候補を検索してみるのもよい

Memo　FAQ（Q&A）を用意しよう

利用規約に加えて、「よくある質問」を項目別に一覧で掲載する「FAQ」のページを用意しましょう。顧客にとっても便利なだけでなく、問い合わせが減ることで運営上もメリットが大きいはずです。

Section 57 利用できる支払い方法を設定しよう

ネットショップの支払い方法を設定しましょう。顧客はもちろん、ショップにとっても安全で負担の少ない支払い方法を設定しましょう。オンライン決済サービスの「PayPal」を使えば、クレジットカード決済も簡単に利用できます。

支払い方法の設定も「Jimdo」なら簡単

　Jimdoの「Free」プランでは、顧客が安心して利用できるグローバルなオンライン決済サービス「PayPal」による支払いが利用できます（PayPalへの登録が別途必要です）。銀行振り込みなどの支払い方法も利用する場合には、「Pro」または「Business」へのアップグレードが必要になります。

手軽にクレジットカード決済が利用できる「PayPal」

　ネットショップの決済方法としてクレジットカードを利用するには、クレジットカード会社による審査を通過する必要があります。しかし、オンライン決済サービス「PayPal」を利用すれば、簡単な手続きで各社のクレジットカード決済が利用できます。また、**安全かつスムーズに決済ができるので、顧客にとってもメリットの多いサービスでもあります**。なお、PayPalアカウントを持っていないユーザーでも、クレジットカード決済による支払いができます。

PayPal
URL https://www.paypal.jp/jp/home/

「PayPal」のアカウントを取得しよう

ネットショップでPayPalを利用するためには、まずアカウントを取得する必要があります。取得の手続きはとても簡単です。

1. PayPalのトップページにアクセスして、「新規登録」ボタンをクリックします。

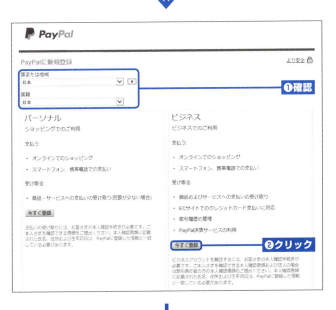

2. アカウントの作成ページが表示されます。「国または地域」と「国籍」を確認して、アカウントの種類を選びます。クレジットカードでの決済も利用したいので、「パーソナル」ではなく「ビジネス」の下にある「今すぐ登録」をクリックします。

3. 個人情報の入力ページが表示されるので、各項目に情報を記入します。個人経営であってもショップで扱う商品などの入力が必要になります。入力して「続行」をクリックします。

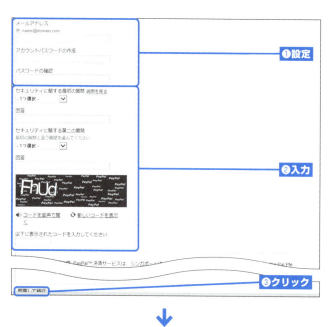

4 アカウントを登録します。メールアドレスとパスワードを設定します。さらに、セキュリティのため2種類の秘密の質問を登録、画像認証コードを入力して「同意して続行」をクリックします。

5 PayPalから確認のメールが送付され、メールアドレスが有効なものか確認が行われます。メールを開き、文中にある「メールアドレスを確認」をクリックします。

6 ブラウザでPayPalのログイン画面が開きます。設定したパスワードを入力して、「ログイン」をクリックします。

7 ログインすると確認のメッセージが表示されます。これでアカウントは有効になりますが、決済サービスを利用するためには本人確認の書類が必要となります。運転免許証、保険証、パスポート、住民基本台帳カード、年金手帳などの画像を送付し、後日、郵送されてくる暗証番号を入力して完了となります。

「Jimdo」でPayPal決済を設定する

PayPalで取得した「API信用証明書」の情報を使用して、JimdoでPayPalを利用するための設定を行います。

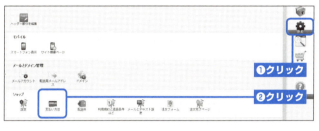

1 Jimdoにログインして「設定」メニューから「ショップ」の「支払い方法」サブメニューをクリックして選択します。

2 支払い方法の設定画面が表示されたら、「PayPal（クレジット決済）」のチェックボックスにチェックを付けます。

3 表示された記入欄に「APIユーザー名」「APIパスワード」「署名」を入力して、画面最下部の「保存」ボタンをクリックすれば設定は完了です。

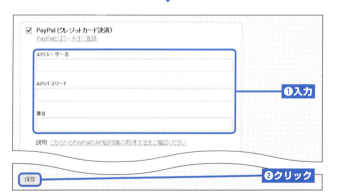

Memo Jimdoと連動させるために必要な「API信用証明書」

PayPalのアカウントとJimdoとを連動させるためには、PayPalの「API信用証明書」が必要です。API信用証明書は、PayPalをログインして「個人設定」メニューを開き、サブメニューの「販売ツール」を開きます。画面に表示される「APIアクセス」の項目にある「更新」をクリックして手続きを行います。

Section 58 配送料を設定しよう

通信販売の一種であるネットショップでは、配送料を設定する必要があります。配送料の設定によっては、顧客の購入単価をコントロールすることも可能です。一定の購入総額で無料となるシステムのメリット、デメリットについても覚えておきましょう。

顧客の購入単価は配送料で決まる

　ネットショップでは、「購入総額○○○○円以上で、配送料無料」という配送料設定をよく見かけます。この配送料無料となる購入総額によって、顧客の購入金額をコントロールできます。**配送料が無料になる金額を設定すると、顧客は配送料が無料になる金額まで商品を購入してくれることが多い**のです。ただし、配送料が無料になる購入総額が高すぎると、そこまでの金額分の商品は購入してくれません。かといって、配送料が無料になる購入総額を低く設定してしまうと、利益が圧迫されてしまうので注意しましょう。

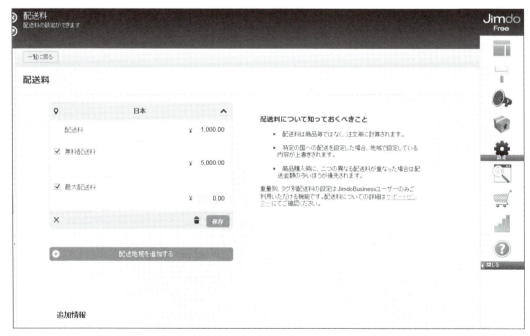

「設定」→「ショップ」のサブメニューから、「配送料」をクリックすると、配送料が簡単に設定できる編集ウィンドウが開く。「日本」の横にあるドロップダウンボタンを押すと詳細が開く。配送料の金額を入力、「無料配送料」、複数商品を同時に注文した場合の「最大配送料」はチェックを入れると金額の設定ができるようになる

Section 59

オープンの前に確認をしよう

ページの作成も完了して、各種設定も完了したら、いよいよショップのオープンです。ただし、ショップのオープン前に、確認を行っておきましょう。「Jimdo」では、事前にテスト購入ができるシステムが実装されています。

実際に買いものをしてチェックしよう

商品の登録が完了したら、ショップできちんと買いものができるか、自動返信メールがきちんと届くかを、事前に必ずチェックしましょう。また、**自分で実際に買いものをしてみると、これまで気が付かなかった修正ポイントを発見することもできます。**

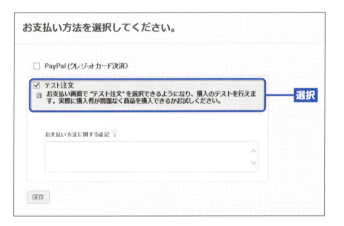

1 Jimdoの「ショップ」のサブメニューから、「**支払い方法**」をクリックして、支払い方法の編集ウィンドウで「**テスト注文**」を選択すれば、決済手数料をかけずにテストのオーダーが可能です。

2 システムのチェックが完了したら、右側のメニューから「ショップ」を開き、「商品リスト」の項目で商品の在庫数を入力します。これで注文を受け付けることができるようになり、ショップオープンとなります。

Section 60

誰もが使いやすいページを目指そう

自分の作ったWebページが使いにくくなっていないか、操作に迷うようなことがないかなど、客観的に診断してチェックします。「ユーザビリティ」と「アクセスビリティ」の2つを考慮した上で、Webサイトの使いやすさを考えましょう。

ユーザビリティをチェックしよう

Webサイトの「使いやすさ」ことをユーザビリティといいます。ユーザビリティに優れたWebサイトでは、ユーザーが操作に迷うことがなく、直観的に目的を達成することができます。実際に誰かに使ってもらい感想を聞いてみてもよいのですが、ネットにはユーザビリティを診断するチェックリストや、チェックツールが公開されています。これらを利用すれば、客観的に自分のWebサイトの使いやすさを判断することができます。

ユーザビリティをチェックできるWebサービス

ユーザビリティチェックツール
株式会社アーティス　ユーザビリティ研究プロジェクト
URL http://www.userside.jp/tool/

55項目の質問に答え、その結果からユーザビリティを診断してくれるチェックツール。回答にはおよそ15分かかる

リストを使ってユーザビリティを確認する

　ユーザビリティは、Webページを作成している段階でチェックしておくこともできます。デザインやナビゲーション、コンテンツの読みやすさなど、ユーザーに対して適切に作成できているかの確認なので、ある程度は事前に把握することができます。チェックリストを使い、サイトを公開する前に確認しておくとよいでしょう。もしも適切でない場所が見つかったら、修正しておきましょう。

ユーザビリティチェックリスト

- 構成、デザイン
    - ☐ ショップのロゴが分かりやすい位置にある
    - ☐ 共通した場所にロゴやボタンが配置されている
    - ☐ URLがコンテンツと関連したもので覚えやすい
    - ☐ ページタイトルが分かりやすい
    - ☐ 一貫性のある色でデザインされている
    - ☐ ロードに時間がかからない(過度に大きな画像を使っていないか?)
    - ☐ テキストと背景のコントラストが適切(文字が見えにくくないか?)
    - ☐ 企業概要、販売者の概要などが分かりやすいページにある
    - ☐ 問い合わせページが明確
    - ☐ 多種のブラウザで問題なく閲覧できる
- ナビゲーション
    - ☐ ナビゲーションメニューが簡単に識別できる(上部とサイドに2つのメニューがある場合は違いを明確に)
    - ☐ メニューの表記が適切、分かりやすくなっている
    - ☐ メニューの項目、ボタンが多すぎない(商品カテゴリなど、多くなってしまいがち)
    - ☐ ロゴをクリックするとホームに戻る
    - ☐ リンクかどうか分かりやすくなっている(ボタンやバナーのデザイン)
    - ☐ サイト内検索に簡単にアクセスできる
- コンテンツ
    - ☐ 5秒程度でページの内容が分かる(ユーザーは分かりにくいとページから離れてしまう)
    - ☐ 誤字、脱字がない
    - ☐ 重要なコンテンツがスクロールなしに見られる
    - ☐ 適度に段落が分かれている
    - ☐ フォントのサイズに問題がない(行間・文字間は適切か、読みにくくないか?)
    - ☐ 太字や文字色変更などの強調表示を頻発していない
    - ☐ キャッチフレーズやコピーが適切
    - ☐ 広告やポップアップは控えめになっている
    - ☐ 専門用語は極力少なく、使っている場合には注釈が付いている
    - ☐ 無意味な装飾(アニメーションなど)が使われていない

ショップによってはアクセシビリティにも配慮しよう

アクセシビリティとは、高齢者や障害者といったWebサイトの利用に制約があったり、利用に不慣れな方々であっても支障なく利用できるように設計されていることで、その度合いを意味します。公共の機関や大手企業などでは、この考え方を取り入れたWebサイトが作られ初めていますが、一般のネットショップではまだまだといったところです。しかし、ショップで扱う商品によっては、たとえば、介護、介助用品などを扱うショップの運営を考えているのであれば、アクセシビリティを考慮しておくことは必須といえます。アクセシビリティを実現したWebサイトは「バリアフリーサイト」と呼ばれ、今後、一般のサイトにも広がっていくことが予想されます。既存のサイトにタグや属性を追加するだけでも大きくアクセシビリティを向上させることもあるので、積極的に導入していくのがよいでしょう。

アクセシビリティの概念

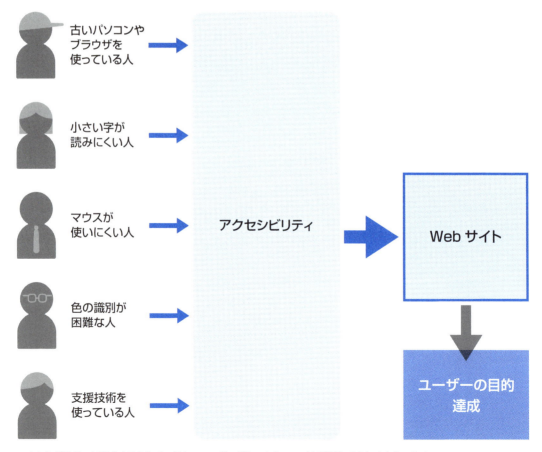

アクセシビリティに配慮することで、幅広いユーザーがネットショップを利用してくれるようになる

ウェブアクセシビリティについて知る

ウェブアクセシビリティ・サンプルサイト：みんなのウェブ
URL http://barrierfree.nict.go.jp/accessibility/whatsacs/sample/index.html

アクセシビリティについて分かりやすくサンプルを交えて解説したサイト。4つのサンプルからアクセシビリティがどういったものかよく分かる

レベルNGのサンプル
画像の代わりになるテキストが用意されておらず、音声のみで再生される内容があったり、色の違いのみで表現された部分がある

レベルAAAのサンプル
大きくレイアウトのイメージは変わらないものの、きめ細かく修正され、誰でも内容を正しく把握することができる

アクセシビリティを診断するソフトウェア
エーイレブンワイ：Webアクセシビリティのチェックツール
URL http://weba11y.jp/tools/index.html

Webページの制作中、公開後にもチェックすることができる

Memo　最終目的はショッピングしてもらうこと

ユーザビリティやアクセシビリティについて意識すると、あらゆる利用者に対して適切なWebページを作らなければならないと考えがちです。しかし、ネットショップの場合、ネットショップに訪れるのは、買いもののためにサイトを訪れてくれる顧客です。ネットショップにおいては、買いものをしやすくなっていることが、ユーザビリティに優れているといっていいでしょう。ユーザビリティやアクセサビリティを意識するあまり、最大の目的であるショッピングが後回しになってしまわないよう注意しましょう。

Section 61 よい制作会社の選び方とは

ネットショップの制作を外注する場合、よい制作会社を選ぶことが何よりも重要になってきます。ここでは、制作会社の選び方を説明します。また制作会社を利用するにあたって、気を付けておきたいことについても、あわせて説明します。

成功の秘訣はよい制作会社を選ぶこと

ハイクオリティなデザインやシステムを必要としていないのであれば、「ネットショップの作成にどの制作会社を使っても同じ」だと思うかもしれません。しかし、制作会社にも、それぞれ個性があります。自分の方針と相性のよい制作会社を選ばないと、思っていたものと異なるショップができ上がることもありえます。反対によい制作会社が選べれば、成功はぐっと近づきます。

制作会社を選ぶ場合は、ランサーズなどの仕事マッチングサイトを利用して探すとよいでしょう。

楽天ビジネス
URL http://business.rakuten.co.jp/

豊富な登録会社の中から制作会社が選べる

よい制作会社を見極める基準

掲載情報や WEBサイトから判断する	メールや電話などでの コンタクト	訪問、面談にて
☐ 誇大な表現を使っていないか？ ☐ セールスポイントが明確か？ ☐ ネットショップ制作の実績があるか？	☐ 対応は迅速か？礼儀正しいか？ ☐ 説明や見積の項目は分かりやすいか？ ☐ 質問や問い合わせへの回答は的確か？	☐ 気持ちよい対応か？ ☐ オフィスは整理整頓されているか？ ☐ 設備は整っているか？ ☐ セキュリティに気を配っているか？

できれば一度は顔をあわせて打ち合わせをしよう

制作会社を選ぶ場合は、「メールでのやりとりで十分」「平日の昼間は本業で時間がとれない」と考えがちですが、よい制作会社を選ぶためには、できれば、一度は担当者と直接顔をあわせて打ち合わせを行いましょう。直接会うことで、相手の雰囲気や対応がつかめるはずです。

よい制作会社は雰囲気も対応もよい

価格、スピード、品質、対応で何を重視するか

複数の制作会社を比較する場合、何を基準に選ぶべきでしょうか。ポイントとなる基準は「価格」「スピード」「品質」「対応」の4つです。この中から何を重視するかで判断するしかありません。できるだけスムーズに制作したいと考えているなら、4つの項目でバランスのとれている制作会社に発注しましょう。

バランスのとれている制作会社に発注する

制作会社との良好な関係づくりを築こう

制作会社と付き合っていく上で気を付けておきたいのが、良好な信頼関係をしっかりと築くことです。制作会社は対等な関係であり、よりよいWebサイトを作るという目的を持ったチームです。クライアントとしては、判断が優柔不断になって作業が二度手間になったり、修正を細切れにくり返さないよう、制作会社の効率が向上するよう配慮したいものです。ただし、クオリティには妥協せず徹底的にこだわりましょう。相手の都合も配慮しつつ譲れない部分にはこだわるという、それぞれの役割をまっとうすることから信頼関係が生まれます。お互いによいWebサイトができたと思えることが最終目標であることを、常に心に留めておきましょう。

Section 62 お互いが気持ちよく仕事をするための価格交渉術

ネットショップの作成を制作会社に発注する場合、いちばん気になるのは料金についてでしょう。ここでは、お互いが気持ちよく仕事のできる価格交渉について説明します。料金のトラブルを避け、スムーズにWebサイトの制作が行えるようにしましょう。

必ず事前に見積もりをとろう

制作会社も仕事としてネットショップの制作を受注するので、価格については当然シビアになります。仕事を発注する前に、「だいたい総額いくらで」といったアバウトな価格交渉しかしないケースを見かけますが、**必ず見積もりをとるようにしましょう**。正確な見積もりを出してもらうためには、ページ数やシステムの概要、デザインの作り込みについてなど、詳細な条件を提出する必要があります。大変かもしれませんが、ネットショップをしっかり構築する上でも必要な作業です。手を抜くことのないようにしましょう。

正確な見積もりを出してもらうためには作業量の確定を

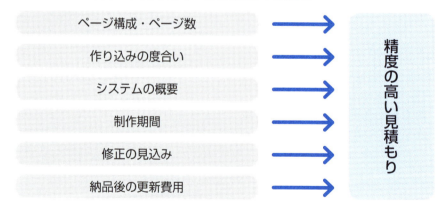

Memo　制作会社の料金は基本的に人件費

Webサイトの構築では、費用の大部分を人件費が占めています。つまり、作業によって制作会社のスタッフを拘束する時間が長ければ長いほど、料金が高くなります。

修正に対する料金について

制作が終わった段階でいちばん問題になるのが、修正にかかった費用をどうするかです。原則として、当初の仕様通りに仕上がってこなかったことに対する修正は無料で、追加の指示による修正は有料であると考えましょう。また、修正の指示に追加の費用がかかるかどうかを発注するときに確認することも重要です。

また、ネットショップの制作を進める上で、制作会社といちばんトラブルになりやすいのは、修正の量とタイミングです。修正したいポイントは、なるべくまとめて伝えるようにしましょう。

何のための修正かで料金は、変わる

最後に値引き交渉するのはルール違反

最終的に仕事が完了した段階で、完成したWebサイトにクレームを付けて、値引き交渉を持ち出す人がいますが、これは明らかにビジネスのルール違反です。制作会社との信頼関係を損なうどころか、**訴訟にもなりかねないので、絶対にしてはいけません**。ネットショップのオープン前に余計なトラブルを招かないためにも、値段の交渉については、見積もりの時点でできる限り詰めておきましょう。

価格交渉は着手する前に

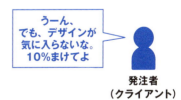

Q&A 知り合いから制作会社を紹介されたのですが、その会社に発注したほうがよいのでしょうか？

紹介された制作会社であれば、「紹介者に対する義理もあり、制作会社も無茶な対応はしないはず」という安心感があります。ただし、自分も紹介者に対する義理を考えれば、料金や納期なども含め、制作会社に無茶な要求はできないので、注意しましょう。

Section 63 作業分担とスケジュールを決めよう

スムーズに制作を進行させるためには、どこまでを制作会社に依頼するのかという作業分担と、何をいつまでにアップさせるかというスケジュールを決めることが重要になります。制作会社ともよく相談した上で決めるとよいでしょう。

制作会社と作業を分担しよう

　ネットショップのデザインから、システム、テキストまですべてを制作会社に依頼するのは、コスト面でも、スケジュールの面からも現実的ではありません。また、ショップで取り扱う商品のことなどは、オーナーである自分がいちばんよく知っているはずです。自分でできることは、可能な限り引き受けるようにして、ネットショップの顔となるトップページのデザインや、商品ページなど各種ページのフォーマットなどの自分では手に負えないものは制作会社に依頼するなど、最初にしっかり作業の分担について決めておきましょう。

自分でできることは自分で、できないことは制作会社に依頼する

- ショップのコンセプト
- Webサイトの構成
- 商品のコピー（文章）
- 商品写真

など

- ショップのロゴマーク
- トップページのデザイン
- 各ページのデザインフォーマット
- ショッピングカートシステム

など

発注者
（クライアント）

制作会社

スケジュールを作成しよう

作業分担が確定したら、制作スケジュールを作成しましょう。「いつまでに何を制作会社に渡すのか」「いつまでに何をチェックするのか」を明確にすることで、作業をスムーズに進めることができます。また、スケジュールを作成する際には、あらかじめ予備日を設けておくと、トラブルが発生した場合でも安心して対応することができます。何らかの事情によって進行がずれてしまったら、制作会社と調整してスケジュールを修正し、その情報を共有するようにしましょう。

スケジュールを作成する場合には、いつまでに何をするのかを明確に

	1	2	3	4	5	6	7	8	9	10	11	12	13	14	15	16	17	18	19	20	21	22	23	24	25	26	27	28	29	30	31
	月	火	水	木	金	土	日	月	火	水	木	金	土	日	月	火	水	木	金	土	日	月	火	水	木	金	土	日	月	火	水
ホームページ制作		制作着手							トップページデザイン						デザインフォーマット								HTMLアップ						最終チェック		ネットショップオープン

- ショップのコンセプトシート・サイト構成
- 各ページ用テキスト
- 決済、発送、ショップに関する詳細のテキスト
- 商品の価格＆在庫数

Q&A
スケジュールを作成するにあたって、制作会社の作業日数の目安が立たないのですが、どうすればよいでしょうか？

制作会社にサイトの構成やシステムの概要など、必要な作業量の目安となる資料を渡せば、制作会社自身のスケジュールを提出してもらえるはずです。それを目安に全体的なスケジュールを作成しましょう。

Section 64 ネットショップ開設後の更新について

オープンをしても、Webサイトを放置してはいけません。商品の追加や情報の改定など、ネットショップには更新作業が必要になります。更新のないWebサイトでは、リピーターを獲得できません。ここでは、更新作業で心がけておくべきことを解説します。

こまめな更新が人を呼ぶ

苦労してネットショップをオープンさせると、それだけで満足してショップを放置してしまう人がいます。しかし、それでは売り上げは伸びません。実店舗と同様に、季節やイベントに応じて、こまめに商品を入れ替えたり、商品に関する情報を更新することで、顧客は、「あのショップに行けば、新しい情報が手に入る」と考えて、リピーターになってくれるのです。毎日更新することは無理でも、少なくとも週に一度はショップを更新するようにしましょう。また、サイトの更新頻度を上げることは、第9章で解説するSEOの点からも効果的です。

小さくでもいいので常にショップを更新しよう

更新における役割分担

　自分でサイトを作成した人はもちろん、オープン時は制作会社を利用した人でも、コストや対応のスピードを考えれば、更新作業は自分で行うのが基本です。ただし、大幅なリニューアルやシステムの調整など、自分では手に負えない作業が伴う場合には制作会社に発注をしましょう。

原則的に更新作業は自分で

ネットショップ運営者
- 通常発生する更新作業
- テキスト修正レベルの自分でも可能な作業

　　　　　　　　　　　　　　　　　　　など

制作会社
- 大規模なリニューアル
- トップページのデザイン変更
- システムの調整

　　　　　　　　　　　　　　　　　　　など

リニューアルについて

　ショップオープン後、「売り上げが下がった」「ターゲットにデザインが合っていない」といった点が気になってきたら、ネットショップのリニューアルを検討してみましょう。前回依頼した制作会社にお願いすると、スムーズに作業が進められます。

リニューアルが必要な場合とは

- 売り上げが低下した
- デザインとターゲットが合っていない
- デザインと商品点数が合っていない
- コンセプトが変わった場合
- ショップの業態自体を見直したい

Memo　更新作業はこまめにコツコツと

副業でネットショップを運営していると、梱包や発送、商品の発注などの作業を優先させることになり、更新作業が滞りがちになります。1回の作業量は少なくてもよいので、コツコツと更新する習慣を付けましょう。

Column

今、どんな集客をしていますか？

セミナーで「今、どんな方法で集客をしていますか？」と受講生に尋ねると、ほとんどの方から「SEO、検索連動型広告」という答えが返ってきます。

しかし、インターネット上でも、TwitterやFacebookといったSNSや、ランキングサイトなど、いろいろな集客方法があります。ほかにもLINE@といった、スマートフォン向けの集客方法もあります。

またネットショップだからといって、インターネット上での集客にこだわる必要はありません。実店舗を持っている方であれば、フリーペーパーなどにQRコードとショップのURLを記載して集客することもできます。

顧客との接点は、意外と身近なところでもっとたくさんあるはずです。見かたを変えて顧客との接点を広げてみましょう。

✅ 8章のチェックポイント

	Yes	No
Webサイトを自作するか外注するか決めた	☐	☐
ネットショップに必要なページを理解した	☐	☐
トップページを作成した	☐	☐
商品ページを作成した	☐	☐
ナビゲーションと階層を整理した	☐	☐
ネットショップの基本設定を行った	☐	☐
利用規約や支払い方法、配送料を設定した	☐	☐
ユーザビリティ・アクセシビリティを確認した	☐	☐
オープン前の最終チェックを行った	☐	☐

第9章 ネットショップ開設後の流れと集客

- 商品の価格の決め方は? ... 202
- 顧客からの問い合わせは丁寧に対応しよう ... 203
- 商品が売れたら、次にすることは何? ... 204
- 顧客からお金が入金されたか確認しよう ... 205
- 必要な書類を発行しよう ... 206
- 4つのメールで顧客を安心させよう ... 208
- 商品を確実に届ける梱包テクニック ... 210
- 商品を顧客に発送しよう ... 212
- クレーム／返品／キャンセルの対応はどうすればよい? ... 213
- SNSはどう使えばよい? ... 214
- SEOについて正しく理解しよう ... 216
- SEO、これだけはやってはいけない事柄 ... 220

Section 65 商品の価格の決め方は？

ネットショップの運営において、商品の価格をどのように設定するのかは戦略的に非常に重要です。仕入れ価格と粗利益、実際の利益となる営業利益の3点を理解し、しっかりと自分なりのルールを設定しておきましょう。

戦略的な価格の設定について

商品のジャンルによって異なりますが、仕入れ価格を売上価格の50〜70%程度とすると、残りの30〜50%が粗利益になります。ここからさらに、**人件費や諸費用を引いた数値が営業利益**となります。営業利益がマイナスにならないように、競合ショップの値付けを見比べながら価格を決定しましょう。

継続的なショップ運営が可能な利益を確保できる価格とは

この金額で
- 人件費
- 梱包資材
- インターネット関連費用
- 雑費

などをまかなう必要がある。

粗利益	仕入れ価格
30〜50%	50〜70%

Q&A 食品を扱っているため、商品に賞味期限があります。どこまで値下げすべきですか。

在庫の量によって、値下げの幅を調整する必要があります。在庫が多い場合には、一気に仕入れ値近くまで値段を下げてでもある程度売り切ってしまいましょう。在庫が少なければ、10%、20%と徐々に値下げしても大丈夫です。

Section 66 顧客からの問い合わせは丁寧に対応しよう

ネットショップの顧客は、その場で質問できないのでメールでショップに問い合わせることになります。実は、この問い合わせの対応がとても重要なのです。問い合わせに対する返信は、迅速かつ丁寧に行いましょう。

問い合わせは顧客への第一歩

　問い合わせのメールが届いても、「商品の購入ではないので、対応は後回しにしよう」と考えてしまいがちです。しかし、**わざわざ問い合わせをしてくれる顧客は、丁寧に対応をすれば商品を購入してくれる可能性の高い見込み客**なのです。問い合わせが入っているかどうかは毎日チェックし、まずは問い合わせが届いていることを確認できる自動返信メールで返答します。そして、営業日であれば、**問い合わせのメールを受け取ってから少なくとも半日以内に、速やかに回答するようにしましょう**。もし、問い合わせの内容がメーカーへの確認が必要で、正式な回答まで日数がかかるような場合でも、「正式な回答までもう数日、お時間をいただきます」といった内容のメールを必ず送っておきましょう。

問い合わせには迅速かつ丁寧に対応しよう

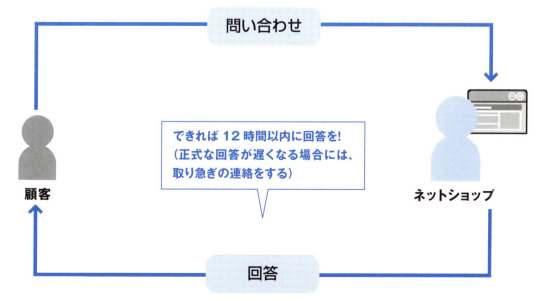

Section 67 商品が売れたら、次にすることは何？

さあ、いよいよ実際に商品が売れました。実際に梱包に入る前に、商品の有無や決済方法など、しっかりと注文の内容を確認する必要があります。注文内容を確認したら、発送予定日などを記載したサンクスメールも送っておきましょう。

注文内容を確認してサンクスメールを送ろう

注文が入ったら、まず「商品の在庫」を確認しましょう。システム上では在庫が残っていても、実際には商品が欠品になっていることもあります。さらに、納期を確認しましょう。日付の指定が入っている場合には、発送が間に合うかチェックが必要です。次は、決済方法です。クレジットカードや代引きなら問題ありませんが、前振り込みの場合には入金するまで商品を発送できません。これらを確認の上、顧客に入金の依頼や発送の予定日を記載した「サンクスメール」を送信しましょう。

「商品」「納期」「決済方法」を確認して「サンクスメール」を送信

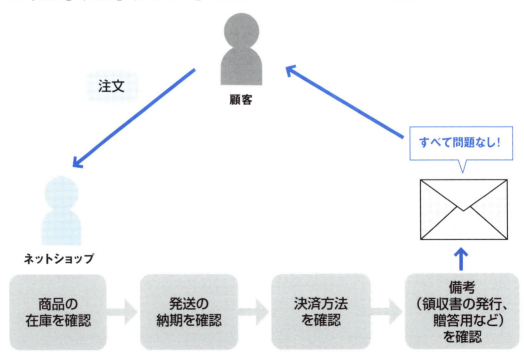

Section 68

顧客からお金が入金されたか確認しよう

ショップの運営では代金が回収できて初めて、「商品を売り上げた」といえます。現金を取り扱わないネットショップでは、定期的に入金を確認してお金の流れを把握する必要があります。日々の入金確認を日課とするとよいでしょう。

入金確認を日課にしよう

ネットショップでは、振り込みの顧客の入金確認はもちろん、宅配便業者やクレジットカード会社からの分も含めて、あらゆる入金状況を把握しておく必要があります。また、入金が少しでも遅れていたり、入金された金額が誤っている場合には、すぐに確認するように心がけましょう。口座の確認は1日1回でよいので、日課にしておきましょう。顧客からの振込通知メール機能がある銀行（ゆうちょ銀行、ジャパンネット銀行など）口座を利用すると、確認の手間が省けて楽になります。

▶ 入金に間違いがないようにしっかりチェックしよう

振り込みの顧客からの入金

宅配業者からの代引き料の入金

クレジットカード会社からの入金

Memo キャンセルの基準を決めておこう

決済方法に振り込みを指定した顧客が、注文から一定期間の間に入金してくれなかった場合には、注文をキャンセルします。キャンセルをする期間については、きちんと規約に明記しておきましょう。

Section 69 必要な書類を発行しよう

顧客の入金を確認したら、商品に同梱する納品書を発行します。納品書をどのように作成すればよいのかについて見ていきましょう。フォーマットを利用するほか、ASPやソフトウェアのシステム・サービスを利用する方法があります。

システムの帳票発行機能を利用しよう

ASPや汎用のソフトウェアとして流通しているショッピングカートのシステムには、たいてい納品書の発行機能が付いています。顧客のオーダー内容と、発送した商品の内容が合っているかどうか、商品を受け取った顧客が確認できるように、**必ず納品書を作成して同梱しましょう。**

📘 納品書があれば、注文した商品と届いた商品が正しいか確認できる

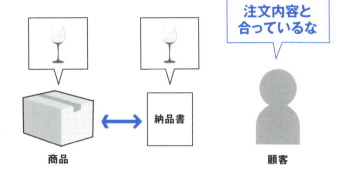

自分で発行する場合はフォーマットを活用する

ショッピングカートのシステムに帳票の発行機能が付いていなかったり、オーダーがイレギュラーな場合には、自分で納品書を作成する必要があります。そのつどゼロから作成するのは大変なので、表計算ソフトのテンプレート集などを活用して、フォーマット（定型）を用意しておきましょう。

📘 フォーマットを用意しておけば、帳票の作成もスムーズ

顧客と商品の情報を入力するだけで完成！

ネットショップの運営者

領収書は手書き対応でも十分

顧客の中から「領収書を同梱してください」という要望を受けることもあります。このような場合は、**市販されている領収書を手書きしても、十分対応可能**です。ネットショップ用のゴム印を作成しておけば、宛名と金額、但し書きだけを記入すれば済むので、とても便利です。

📦 **領収書は市販のもので対応可**

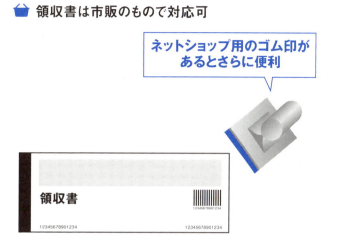

ネットショップ用のゴム印があるとさらに便利

件数が多くなったら管理システムの導入を

1日の処理件数が何十件にもなると、個別に帳票を印刷するのが手間になり、時間もかかってしまいます。そのような場合は、一括で帳票が出力でき、受注管理などもこなせるネットショップ業務支援ソフトや、ASPの業務支援サービスを活用するとよいでしょう。

おちゃのこオフィスWeb
URL http://www.ocnk.net/spec/index.php?screen=office

業務支援機能をオプションとして提供しているASPもある

Q&A ネットショップ用に使用していたパソコンが壊れてしまいました。大切な顧客のデータが心配です。

受注データなど大切なデータは外付けのハードディスクなどに必ず定期的にバックアップをとっておきましょう。また、パソコンにはパスワードを設定し、ウィルス対策ソフトを導入するなど、セキュリティにも配慮しましょう。

Section 70 4つのメールで顧客を安心させよう

相手の顔を見ることのできないネットショップでは、顧客も不安な気持ちを抱えながら買いものをしています。4つのメールを送ることで顧客を安心させましょう。また、ここではメールマガジンの効果的な利用法についても解説します。

4回は顧客とコミュニケーションをとろう

　ネットショップでは、商品を買ってくれた顧客とのコミュニケーションはメールでのやりとりが中心になります。顧客に安心して買いものをしてもらい、さらには何度も商品を購入してくれるリピーターになってもらうためには、買いものの流れの要所でメールを送信する必要があります。まずは、注文が完了したことを知らせる「自動返信メール」をシステムから送信します。さらに、注文内容を確認した上で「サンクスメール」を送信しましょう。商品の発送が完了したら「発送完了メール」、納品後、数日たったら、商品や対応に問題がなかったかを確認する「フォローメール」を送りましょう。

買いものの流れの要所でメールを送信する

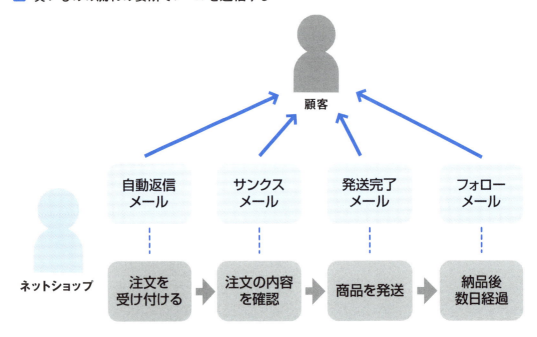

メールのフォーマットは統一しよう

4つのメールそれぞれで、サブジェクト（件名）の最初に挿入する記号や下部の署名など、**メールのフォーマット（形式・書式）は統一しておきましょう**。これは、顧客にあなたのネットショップからのメールだということをひと目で認識してもらうためです。また、フォーマットの統一とあわせて、それぞれのメールへのテンプレート（定型・雛形）も用意しておくと編集の手間が省けて楽になります。

📬 **メールではフォーマットとテンプレートの準備を**

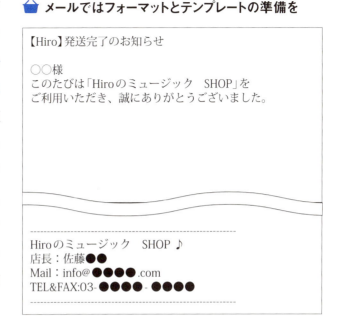

メールマガジンを発行しよう

ネットショップのメールでは、一斉に情報を配信できる**メールマガジン**も大切なコミュニケーションツールです。読者に対して、定期的に情報を配信することで、リピーターを定着させていくことができます。メールマガジンは、「まぐまぐ」などのメールマガジンスタンドを利用すれば、無料で配信できます。ただし、無料のサービスは広告が入ったり、顧客のメールアドレスが入手できないなどのデメリットもあります。戦略的にメールマガジンを活用するなら、**有料のメールマガジン発行サービスも検討しておく**とよいでしょう。

コンビーズメール（有料）
URL http://www.combzmail.jp/

Section 71 商品を確実に届ける梱包テクニック

ネットショップのクレームでいちばん多いのが、梱包や発送のトラブルに関するものです。ここでは、商品を顧客に確実に届けるためのノウハウについて解説します。梱包ミスを防ぎ、確実に顧客に商品を送り届けましょう。

ネットショップのクレームは確実な梱包で減らせる

クレームが発生すると、金銭的な負担だけでなく、その対応で通常業務がストップするため、時間的にも大きな負担がかかってしまいます。ネットショップの場合、「注文と違う商品が届いた」「届いた商品が破損していた」「指定した納期に商品が届かない」など、梱包や配送に関するトラブルがクレームの大部分を占めます。つまり、梱包、発送の工程におけるミスをなくすことで、クレームを大幅に削減することが可能なのです。クレームが少なくなれば、顧客はもちろん、ネットショップの運営者のストレスも削減できます。

🛒 クレームが発生するとショップの負担が大きくなる

- 届いた商品が破損していた
- 注文と違う商品が届いた
- 指定した納期に商品が届かない

余計な費用はかかるし、対応に時間はとられるし、大変だ!!

顧客　　　　　ネットショップ

発送ミスを防ぐためにひと箱ずつ梱包する

発送する件数が多いときは、平行して複数の梱包を進め、時間を短縮しようと考えがちです。しかし、複数の梱包を同時進行させると、商品や帳票、さらには宅配便の発送伝票などを誤って梱包する可能性が出てきます。発送ミスを防ぐためにも、梱包はひと箱ずつ対応しましょう。

🧺 **梱包を同時進行させるとミスが出る可能性が高くなる**

梱包ミスを防ぐために必ず最終チェックを行う

箱を密封する前に、必ず梱包チェックを行いましょう。また、商品の破損を防ぐためにしっかりと緩衝材を入れましょう。新聞紙などは避け、間伐材やリサイクル紙などを使った紙の緩衝材が安価で入手できるので、それらを利用するとよいでしょう。

🧺 **発送前に必ずチェック!**

☐ 納品書の記載内容とチェックは?
☐ 商品の破損を防ぐ梱包チェックは?

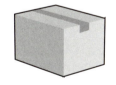

Memo 大切な帳票類をなくさないために

商品や梱包の資材などがあふれてしまうと、大切な帳票類がどこかへ行ってしまうことがよくあります。帳票類ははだかで持ち歩かないで、クリアファイルなどに入れて、まとめておきましょう。

Section 72 商品を顧客に発送しよう

梱包が完了したら、いよいよ顧客に商品を発送しましょう。ただし、配送業者に商品をピックアップしてもらっても、そこで油断してはいけません。トラブルが起こったときのために、発送伝票の控えを必ず保存しておきましょう。

発送伝票の控えは必ず保管する

どの配送業者でも、荷物を引き取った際には、配送伝票の控えを渡してくれます。**この控えは、必ず保管しておきましょう。**配送業者のWebサイトで配送伝票番号を入力すると、荷物の現在位置、配送状況が確認できます。また、商品の未着や破損などのトラブルが発生した場合、配送伝票がないと確認作業が困難になります。

ヤマト運輸株式会社
URL http://www.kuronekoyamato.co.jp/top.html

配送伝票番号で荷物のある場所を検索できる

安いメール便はここに注意

メール便を使えば、指定のサイズ内の荷物であれば、格安の配送料で商品を発送できます。ただし、「日付指定ができない」など、**通常の宅配便とはサービス内容が異なるので注意が必要**です。小さな商品であれば、日本郵便の「クリックポスト」など、配送状況が確認でき、全国一律料金のサービスが提供されています。これらを利用するのがよいでしょう。

メール便のサービスを把握する

- 配達日時の指定はできない。
- 紛失または破損した場合の補償は、運賃の範囲内でのみ。
- 配達が遅延した場合の補償はない。
- 手渡しでの受領の確認はできない。

Section 73 クレーム／返品／キャンセルの対応はどうすればよい？

ネットショップを運営していて、いちばん困るのが、「クレーム」「返品」「キャンセル」の対応です。対応を間違えると、思わぬ大事に発展してしまうこともあります。いざというときに困らないためにも、しっかり基準を設けておきましょう。

規約に従って対応する

　商品を発送して喜んだのもつかの間、「受け取った商品が壊れていた！」「やっぱりいらないので返品したい」「注文した商品をキャンセルしたい」などのメールが届くと、誰でも落ち込むものです。「クレーム」についてはショップ側の過失であれば、代品を発送するなどの対応が必要になります。配送業者の過失であれば、顧客に対してはショップが費用をたてかえ、ショップから配送業者に請求することになります。

　「返品」については、規約で返品が可能な期間を設定しておきましょう。「キャンセル」についても、生ものやオーダーメイドの商品の場合は、ショップ側の損害もばかにならないので、これも規約で対応方法をしっかり決めておきましょう。

🛒 ありがちなトラブルに関しては規約を設定しておこう

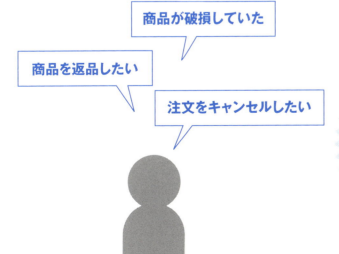

第9章 ネットショップ開設後の流れと集客

Section 74 SNSはどう使えばよい？

日本の国内Facebookユーザー数は、2,400万人となっており、まだまだ企業としては活用していきたいメディアの1つです。ここでは、FacebookページやSNSを活用する真の目的は何か見ていきましょう。

Facebookページの活用法を間違っていませんか？

Facebookでは、商品やサービスのPRを目的としたFacebookページを開設できます。ところが、「ファンはたくさんいるのに成果につながらない」「毎日投稿して『いいね！』も着実に増えているが成果につながらない」といった声がよく聞かれます。企業が販売促進を目的にした場合は、「いいね！」やシェアによる拡散だけで終わらせるのではなく、ショッピングカートや問い合わせボタンが設置してあるサイトに誘導しなければなりません。つまり、Facebookページだけで完結するわけではないのです。

トリプルメディア戦略

ここ最近、トリプルメディアが叫ばれるようになりました。3つのメディアを連携して成果を出すしくみとして、デジタル時代の重要な企業戦略の商機として注目されています。その3つとは以下のメディアのことです。

1. ペイドメディア（Paid Media=広告）
企業が広告費を支払って掲載するメディア

2. ソーシャルメディア（Earned Media=SNSやブログなど）
主にソーシャルメディア（Facebook、Twitter）など信頼や評判を得るメディア

3. オウンドメディア（Owned Media=自社メディア）
自社サイトや企業が直接所有または運営するメディア

トリプルメディアの具体的な施策

　トリプルメディア戦略では、企業にとって重要な施策である「集客」の矢印がオウンドメディア（Owned Media＝自社メディア）に向いています。そこでどういった施策が集客へつながるのでしょうか。「北欧、暮らしの道具店」の例を見てみましょう。

北欧、暮らしの道具店
Facebookページ
URL https://www.facebook.com/hokuohkurashi

1 見出し
2 オウンドメディアで掲載した商品情報またはブログの見出し文3～4行
3 オウンドメディアの該当する詳細情報の掲載URL

　Facebookページの投稿は、オウンドメディア（自社メディア）の情報がもとになっており、掲載もとのURLも記されています。つまり、Facebookページへの投稿に「いいね！」をしてくれたユーザーの獲得および、シェアによる拡散だけでなく、オウンドメディアへの流入（集客）を目的にしていることが分かります。またFacebookページの投稿は、文字数が多くなると、投稿途中で切られてしまいますが、「北欧、暮らしの道具店」ではその「...もっと見る」がほとんど見られません。オウンドメディアへのリードの役割に徹している工夫が感じられます。

デジタル時代の重要な企業戦略の商機

　今後もさまざまなメディアが登場し、廃れていくでしょう。しかしオウンドメディアはトレンドにかかわらず存在し続けなければいけないメディアです。そのためオウンドメディアへの流入を目的としたプロセスは、今後もデジタル時代の重要な企業戦略の商機として注目をされていくはずです。一度トリプルメディアの相乗効果を高める施策を見直してみるとよいでしょう。

Section 75 SEOについて正しく理解しよう

ネットショップの集客に欠かせないのが、SEO（Search Engine Optimization＝検索エンジン最適化）です。SEOについて整理し、効果的な対策を行いましょう。ここでは、JimdoでできるSEO対策の方法もあわせて解説します。

SEOについて正しく理解しよう

ネットショップで新規の顧客を集める場合、もっとも一般的なのが、「Google」や「Yahoo! Japan」などの検索エンジンの検索結果から顧客を呼び込むことです。これらの検索エンジンの検索結果でより上位に現れるようにする施策のこと、また、その技術のことを、SEOといいます。

Googleは、SEO初心者向けにSEOの基本的な考え方とポイントを「Google検索エンジン最適化スターターガイド」という文書にまとめていますが、基本となるのが「titleタグ」と「meta descriptionタグ」そして「URLの構造」の3つです。この3つを適切に記述するようにします。

検索結果画面を確認

A titleタグ
titleタグで記述された言葉がページタイトルとなる。サイト訪問者と検索エンジンの双方にそのページの内容を伝える。商品ページでは商品の名前が入っている必要がある

B URL
独自ドメインのTOPページでは問題ないが、ほかのページでは注意が必要。ページの内容を端的に表すURLが望ましい。内容と無関係なディレクトリ名や階層の深いサブディレクトリ構造にしないように注意する

C meta descriptionタグ
meta descriptionタグに記述された内容が表示される。利用者はこの部分を読み、そのページを開くかを判断している。いくつかの語句、キーワード、フレーズを記述する。ただし、長すぎると省略されてしまうので、120字程度にする

SEOのためのキーワード選定

　SEOで重要となるのが**キーワードの選定**です。選定したキーワードで検索したとき、**自分のネットショップが検索結果の上位に表示されれば、大きな集客が期待できます**。キーワードの選定には、Google AdWords キーワードプランナーなどを利用しましょう。また、自分のサイトからキーワードを選び出す方法もあります。商品ページの場合は、商品名とその商品の説明文の中から特徴となる言葉からキーワードを選定します。

Google AdWords キーワードプランナー
URL https://adwords.google.com/KeywordPlanner

キーワードの検索件数や競合性、関連するキーワードなどを調べられる。Googleアカウントの登録が必要

goodkeyword
URL http://goodkeyword.net/

キーワードを入力して「検索」ボタンを押せば、複数の検索エンジンからよく使われているキーワードを表示できる

キーワードは「〜したい」「行きたい」「知りたい」

　キーワードは、各ページの内容に合致した「**〜したい**」「**行きたい**」「**知りたい**」を組み合わせて選定します。「〜したい」こととしては「商品を買う」や「レストランを予約する」、「行きたい」は「（特定の）Webサイト、Webページに行きたい」、「知りたい」は「よいお店を知りたい」「使いやすい製品を知りたい」「どちらの商品が自分に合っているかを知りたい」などです。商品ページでは「〜したい」と「行きたい」を組み合わせ、ブログやレビューのページでは「知りたい」を選択するとよいでしょう。

商品ページ　「〜したい」「行きたい」

ブログ・レビュー　「知りたい」

SEOのチェックポイント

「titleタグ」と「meta descriptionタグ」を修正してみましょう。選定したキーワードを織り込んで、タグに書き込みます。ただし、注意すべき点もあります。SEOは、過ぎたるは及ばざるがごとし、やり過ぎは禁物です。検索エンジンにスパムサイトと見られてしまっては意味がありません。**ユーザーにも検索エンジンにも、使いやすく分かりやすいWebページを作ること**が、SEO対策の基本にして最大の目的です。リストと照らし合わせてチェックし、できるところを修正していくとよいでしょう。

- **titleタグ**
    - ☐ キーワードは含まれているか
    - ☐ キーワードが文章の前方に置かれているか
    - ☐ 特定のキーワードが過剰になっていないか
    - ☐ 検索結果画面で途切れない文字数か（30文字前後が目安）
    - ☐ ページを適切に表現する文章になっているか
    - ☐ ほかのページと重複、競合するような文章になっていないか
    - ☐ それぞれのページの内容を適切に表すキーワードになっているか
    - ☐ サイトテーマの統一性から外れた内容ではないか

- **meta descriptionタグ**
    - ☐ キーワードは含まれているか
    - ☐ 特定のキーワードが過剰になっていないか
    - ☐ 検索結果画面で表示される文字数（120文字以内）になっているか
    - ☐ ページを適切に表現する文章になっているか
    - ☐ ページごとに重複はないか

JimdoでSEO対策を行う

　第8章でネットショップを作成した「Jimdo」でもSEO対策を行うことができます。メニューの「SEO」ボタンを押すと編集画面が表示され、「ページタイトル」、「説明」などを書き込むことができます。

メニューの「SEO」を開いて編集

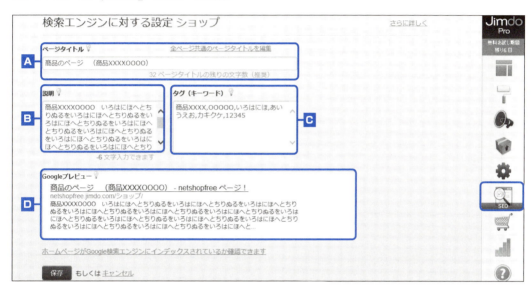

A ページタイトル
書き込んだ内容が「titleタグ」に反映される

B 説明
ページの説明文を入力する。内容は「meta descriptionタグ」に反映される。プレビューを見ながら文章量を調節する

C タグ（キーワード）
「keywordsタグ」に保存される。ページに関係するキーワードを設定する。10個程度が適量で、多すぎるとスパムサイトとして扱われてしまう可能性がある。半角カンマで区切って入力する

D Googleプレビュー
Google検索結果ページにどのように表示されるかのプレビュー。「説明」で文字数があふれる場合など、文字数が表示され修正しやすい

Memo　SEOの核となるのはブログ

　SEO対策でとくに注力すべきなのは「ブログ」です。ブログはSEOの効果が出やすく、ブログから波及して、Webサイト全体のSEO効果を高めることができます。

Section 76 SEO、これだけはやってはいけない事柄

現在さまざまなSEOの方法が紹介されています。しかし、中には「検索エンジンスパム」と呼ばれる手法も存在するので注意が必要です。検索エンジンスパムを行ってしまうと、検索結果の順位が下げられ、最悪の場合、検索結果に表示されなくなってしまいます。

検索エンジンスパムと見なされる行為

　SEO対策の中には、検索エンジンのプログラムにだけ見えるように、「背景と同色のテキスト」や「人が読めないような小さなテキスト」を使ってキーワードを掲載して、検索結果にページを表示させようとする方法があります。しかし、これらの行為は検索エンジンスパムと判断されるので注意しましょう。

　また、「人には認識できないような隠しリンク」や「関係ないサイトまでも集めた相互リンクページ（リンクファーム）」を利用して、検索順位をアップさせようとする方法があります。これらの行為も、検索エンジンスパムと見なされます。

人には読めない形式でテキストを掲載しない

- 背景と同色でテキストを記述する。
- 読めないような小さなサイズでテキストを記述する。
- <noframe>タグなどを使い、わざと見えないようにする。
- わざと見えない画像を貼り付け、<alt>タグにテキストを記述する。

不自然なリンクを使用しない

- 人には認識できない隠しリンクを設置する。
- 関連性のない相互リンクを集めたリンクファームを利用する。
- 自動的にページを転送するリダイレクトのリンクを設置する。
- 同じ内容のページやサイトを多数設置して相互にリンクを貼る。
- スパムサイトからの被リンクはスパム報告するなどして外す。

Index

記号・英数字

@即売くん	108
Amazon マーケットプレイス	113
API 信用証明書	185
ASP（アプリケーション・サービス・プロバイダー）	27
Facebook ページ	214
FFFTP	20
Jimdo	164
LINE MALL	118
OpenOffice	20
PayPal	182
Pixlr Editor	153
resizeMyBrowser	130
SEO	216
SEO のチェックポイント	218
SNS	214
Yahoo! ショッピング	112
Yahoo! プレミアムアカウント	106

あ行

アクセシビリティ	190
イベント企画	135
営業カレンダー	127
営業利益	202
演出	151
置き方	151
お客様の声	67
オムニチャネル	32
おもてなし	57

か行

開業届	48
階層	176
外注	160
価格交渉	194
価格の設定	202
確定申告	48
画像編集ソフト	152
看板	129,133
管理システム	207
キーワード選定	217
機材	145
季節ものの企画	135
規約作りを外注	181
キャッチコピー	64,92
キャンセル	205,213
許認可	37
銀行口座	42
クレーム	210,213
クレジットカード決済	39
グローバルナビゲーション	137
決済代行会社	39
決済方法	38
検索エンジンスパム	220
口座振り込み	39
更新	198
更新情報	125
構図	151
構成	28,123

Index

購入までの流れ	55
顧客情報シート	60
顧客のコメント	68
個人出店	116
コミュニケーション機能	127
コンセプト	24
コンテンツ	78
コンテンツエリア	129,134
コンテンツページ	162
梱包テクニック	210

さ行

在庫回転率	19
サイドナビゲーション	137
作業分担	196
サンクスメール	204
市場規模	13
システム構築	27
シナリオシート	70
シナリオまとめシート	78
写真撮影	144
写真とキャッチコピーの連動	158
商品カテゴリー	126
商品情報シート	64
商品の在庫	204
商品ページ	86
商品ページラフ	85
ショッピングモール	21,26
ズーム	148

スケジュール	197
ストーリー	54
ストアクリエイター	115
制作会社	192
ソーシャルメディア	214

た行

代引き	38
帳票発行機能	206
デジタルカメラ	146
テスト注文	187
問い合わせ	203
独自サイト	21,27
特定商取引法	37,180
トップページ	122
トップページのラフ	138
ドメイン	46
トリプルメディア戦略	214

な行

ナビゲーションエリア	129,136
入金確認	205
人気ショップのランキング	141
ネットショップ	12
ネットショップの名前	44
ネットバンキング	39,43

は行

背景	150
配色	142
配送資材	41
配送方法	40
配送料金比較サイト	41
配送料の設定	186
バックヤード	23
発送	212
発送伝票	212
バナー	156
販売傾向	13
ファーストビュー	130
フォーカスロック	147
フォーマット	206
不正競争防止法	45
フッターエリア	129
フラッシュ	148
フリマアプリ	118
プレースホルダー機能	179
プロダクトサイクル	94
プロバイダー	18
プロフェッショナル出店	116
文章校正ツール	96
返品	213
ホームページ作成ソフト	164
ホスティングサービス	21
ホワイトバランス	147

ま行

マクロ（接写）モード	149
見出し	78
メール	208
メール便	212
メールマガジン	209
メルカリ	118

や行

ヤフオク！	106
ユーザビリティ	188
ゆうちょ銀行	43
優良顧客	60
読みやすいレイアウト	97

ら・わ行

ライト出店	116
楽天市場	113
ランキング	126
リニューアル	199
リピーター	57
利用規約	180
領収書	207
レイアウト	79
レスポンシブデザイン	120
レビュー	67
ロールプレイ	70
露出補正	146
ロット	19
ロングテール理論	15

■お問い合わせについて

本書の内容に関するご質問は、下記の宛先までFAXまたは書面にてお送りください。なお電話によるご質問、および本書に記載されている内容以外の事柄に関するご質問にはお答えできかねます。あらかじめご了承ください。

〒162-0846
新宿区市谷左内町21-13
株式会社技術評論社　書籍編集部
「はじめてのネットショップ 開店・運営講座」質問係
FAX番号　03-3513-6167

※なお、ご質問の際に記載いただいた個人情報は、ご質問の返答以外の目的には使用いたしません。
　また、ご質問の返答後は速やかに破棄させていただきます。

■著者略歴

小宮山 真吾

2010年度全国高評価講師日本1位。2004年よりECサイト売上ノウハウの講師を担当し、全国で売り上げアップの連続セミナーを開催。コーチングを取り入れた講演は、参加者の問題解決や気づきに活かされ、内外から高い評価を受け開催オファーが後を絶たない。中小企業経営者などに売上向上や、コミュニケーション改善への貢献・喜びと感謝を自分の働き甲斐としている。知識やノウハウ習得だけでなく、双方向コミュニケーションや実践できる根底にある固定概念からパラダイムシフトを起こす。オリジナルメソッドで、すぐに実行できる実践体験型セミナーを提案している。

【ホームページ】http://sophiabrain.jp/
【YouTubeチャンネル】https://www.youtube.com/user/rounie/

リンクアップ（linkup）
パソコン関連の書籍・雑誌・ムックを中心に活動している編集プロダクション。企画から編集・執筆・デザイン・DTPまでの一貫した体制で幅広いニーズに対応。【ホームページ】http://www.linkup.jp/

- 執筆協力 ……………………… 伊藤 義樹／豊島 亜紀
- 編集／DTP ………………… リンクアップ
- 担当 ………………………… 渡邊 健多
- カバー／本文デザイン ……… リンクアップ
- 本文イラスト ………………… 石井 良三
- 技術評論社ホームページ …… http://book.gihyo.jp

はじめてのネットショップ 開店・運営講座

2015年　5月15日　初版　第1刷発行
2019年12月11日　初版　第2刷発行

著者	小宮山 真吾　リンクアップ
発行者	片岡　巌
発行所	株式会社技術評論社
	東京都新宿区市谷左内町 21-13
	電話　03-3513-6150　販売促進部
	03-3513-6160　書籍編集部
印刷／製本	昭和情報プロセス株式会社

定価はカバーに表示してあります。

本書の一部または全部を著作権法の定める範囲を超え、
無断で複写、複製、転載、テープ化、ファイルに落とすことを禁じます。

©2015　小宮山 真吾　リンクアップ

造本には細心の注意を払っておりますが、万一、乱丁（ページの乱れ）や落丁（ページの抜け）がございましたら、小社販売促進部までお送りください。送料小社負担にてお取り替えいたします。

ISBN978-4-7741-7268-2 C3055
Printed in Japan